余生很长，何必惊慌

馨小空 著

中国友谊出版公司

图书在版编目（CIP）数据

余生很长，何必惊慌 / 馨小空著. -- 北京 ：中国友谊出版公司，2018.7

ISBN 978-7-5057-4402-8

Ⅰ. ①余… Ⅱ. ①馨… Ⅲ. ①女性-人生哲学-通俗读物 Ⅳ. ①B821-49

中国版本图书馆CIP数据核字(2018)第134360号

书名 余生很长，何必惊慌

著者 馨小空

出版 中国友谊出版公司

发行 中国友谊出版公司

经销 新华书店

印刷 北京中科印刷有限公司

规格 880×1230毫米 32开

7印张 110千字

版次 2018年9月第1版

印次 2018年9月第1次印刷

书号 ISBN 978-7-5057-4402-8

定价 39.80元

地址 北京市朝阳区西坝河南里17号楼

邮编 100028

电话 （010）64668676

持续地爱与被爱，都是一种能力

——自序

写这本书最后几个故事的时候正在读《明史》。

1382 年（明洪武十五年），明太祖朱元璋的原配妻子马皇后病逝，他们数十年的婚姻生活走到尽头，朱元璋哭得伤心异常；1407 年（明永乐五年），身为明朝第三位皇帝朱棣的嫡后，年仅四十六岁的徐皇后病逝，朱棣十分悲恸，举行隆重的葬礼后，立下誓言，终身不再立后。

他们都是经历过生死洗礼的男人，多少次血战沙场，心狠手辣，杀人如麻，步步为营，最终登上皇位。虽说“最是无情帝王家”，但难能可贵的是，做了皇帝的他们，对妻子却是多年如一日长情。尤其是后来还有个明孝宗，此人是明朝的第九位皇帝，他将这种长情发挥到极致，独爱张皇后，一夫一妻相伴到他生命的最后一刻。

似乎，有两种男人特别容易打动人，一种是有机会拥有更多的女人，却又特别专情和长情的男人；另一种是哪怕与全世界为敌，唯独对自己的女人温柔相待的男人。

持续地爱一个人，或者持续地被一个人爱，都是一种能力。

翻开《现代汉语词典》，对“幸福”的释义是：一种持续时间较长的对生活的满足和感到生活有巨大乐趣并自然而然地希望持续久远的愉快心情。而看古汉语词典，对“幸福”二字的释义是不同的，“幸”与“福”两个字连起来用，古时仅仅指的是祈望得福。

如此一来，男人承诺的“给你幸福”，不过是为女人栽种的一个希望而已，分分钟就能变成一张空头支票。渴望幸福本身并没有错，而错就错在，把幸福的希望寄托在男人身上。

比如享受美食，并不一定非得是男人下厨亲手奉上的才叫幸福，女人自己扎起围裙，烹饪的过程也有不少乐趣；比如读书或看电影，并不一定两个人都爱看同一类型的才叫有共同的兴趣爱好；还比如旅行，并不一定非得和男人同游才叫真正意义上的快乐旅途。

也许这才是成熟而独立的爱。说这话的是一个在爱情里游刃有余的姐姐，她的日子一向过得坦然，我们很少听她抱怨生活和男人。她说，之所以不感到失望，是因为没有过多的期望。

细细琢磨，或许一切本该如此。

谨以此书，献给有爱的你，愿你被命运温柔以待，愿你被岁月温柔以待，愿你被爱情温柔以待。

目录 CONTENTS

第一辑 青春纪念册

那些从青春年少时一路走来的爱情，飘飘荡荡，有的走散，有的迷失，也有的，成为流光溢彩生命里，最美的华章。

第二辑 不负好时光

爱了，恨了，笑了，哭了……我那么爱你，因为和你在一起的时候，比一个人时更快乐，爱就是这样一件让人快乐的事。

第三辑 恋爱进行时

我走过的路途没有花香，固执地披上蝴蝶的翅膀，从此就没有了方向，不知道步伐是随风，还是随你。你是否也和我一样，有了奔赴红尘的冲动？

第四辑 白首不相离

愿这个世上，你爱的人，也在爱你。愿有情人终成眷属。愿相爱的你们，都被爱情，温柔以待。

第一辑

青春纪念册

那些从青春年少时一路走来的爱情，
飘飘荡荡，
有的走散，有的迷失，
也有的，成为流光溢彩生命里，
最美的华章。

生活就是生活，
别总迷信奇迹，
那都是骗人的。
要想活得漂亮，
必须让自己变得
强大起来。

刺猬的流言

1

一家儿童图书出版公司招聘美术编辑。

大学刚毕业的周维看了招聘条件，除最后一条要求有两年工作经验外，其他条件她基本都符合。所以她信心满满，鼓起勇气去应聘。

公司负责人事招聘的主考官是个戴眼镜的女性职员，她上上下下打量了周维一番，问：“除了排版软件，绘画水平怎么样？”

“绘画？”周维愣了足有半分钟。

绘画，以前是有过的。那时候她最爱画刺猬，各种形态的刺猬，漫画版的、素描版的，还有国画版的，无聊时就画，有笔有纸随处画。直到有一天，她放下了画笔，因为一个男生。

男生名叫纪经年，和周维是高中时的同班同学。她坐前桌，他坐她的斜后方。

周维最爱甩头发，她总是有意无意地向后甩一下过耳的短发，目光就会顺其自然地瞟过后面的座位，纪经年转着笔，眉头紧锁，无比认真。

纪经年从小练钢琴，坐在座位上，腰背挺直，气质儒雅。每每轮到他回答问题时，不管难易，全班都是一片安静，纪经年有磁性的声音抑扬顿挫有节奏地飘在教室里，萦绕在周维的周围。在同学们眼里，这个时候的纪经年太优秀了，简直是上帝的宠儿。有阳光照进来，他比阳光还闪亮。

于是，周维课间画的小刺猬身上就也带了夺目的光。

纪经年看过周维画的小刺猬。他很欣赏，不光当面夸她画得传神，还照着样子勾勒几次，却不得形。周维就一笔一笔教他，这样这样再那样。你来我往，她教他画简单的刺猬，他帮她解一些难题。

一个寒假过后，再开学时，经纪年的桌上有张画，一看就是周维的杰作，一只温顺可爱的小刺猬，页角有一句让人看了脸红心热的话："春天来了，小刺猬开始发情了……"

这张画，从纪经年手里传到他的同桌手里，在纪经年周围的每个人手里传阅，最后看的人是班主任。班主任拿着画，跟周维说："把你家长叫来。"

班里，学校里，一时流言四起。纪经年又多了一个疯狂追求者，而周维在同学们眼里成了一只发情的小刺猬，接受着人们明里暗地的讥笑，她连走路都抬不起头来。

从那个学期开始，周维再没碰过画笔。自然，她再也没画过小刺猬。

面试主考官推了推镜架，还在等着周维的答案。这绘画，周维没说会，也没说不会，她拿起桌上的签字笔，只几笔，一只充满童趣的小刺猬便跃然纸上了。

周维如愿成了这家公司的一名实习美术编辑。她依然低头走路，话语不多，有改变不了的内敛。

2

美术编辑只要一名，但公司招进两个人，一个是初试和复试各项考核都列第一的姚明明，还有就是实习的周维。显然，试用期一过，这个岗位注定只有一个人能留下。

周维抱着试用期内尽量多学点儿东西的心态，低调中也能表现出一种很积极的态度。可自从上班的第二个星期，关于周维，有人会在私底下研究，她一个刚毕业的大学生，要经验没经验，要画工没画工，业务能力又不强，怎么会被招进来？

最后得出结论，周维有后台，她来公司之前找过大BOSS。

流言又来了，那种感觉周维太熟悉了，身边像有一堵厚厚的墙，把她阻隔在人群之外，仿佛时光倒流。

周维反复琢磨，最后得出结论，她的生命里只要有一个人出现，无须多时，就是一堆又一堆的霉运，挥之不去。这个人就是她高中时的同学纪经年，和她同时出现在二十七层高的出版大厦里。周维说不准他在哪一层楼的哪个房间工作，但她认定了纪经年是自己的克星。

当年，要不是他把她画的画到处张扬，闹到学校人尽皆知，周维绝对不是现在这个样子。她恨透了他，干脆装作素不相识。即便不巧搭乘上同一座电梯，她都戴上耳机不搭理他。

渐渐地，关于周维的流言又丰富起来，说她是个有“前科”的女人，别看大学刚毕业的她平时一副唯唯诺诺的乖顺模样，其实心机很深，从高中开始就知道勾搭男人，妖着呢。何况，成绩平平却能通过面试，绝对不简单。

面试周维的人事主管把她叫进办公室，照例推了推眼镜，语重心长地给她讲了一堆人生道理。周维走出主管房间时没想明白，得怎么做才算是注意影响？还有那些并无多少交集的同事又怎么知道了周维四年前的事情？除了纪经年，罪魁祸首不可能是别人。

第二次在电梯里和纪经年相遇，周维决定不再回避此事，她要和他做个了结。

谁没有过青春懵懂时候暗暗的喜欢？可她周维怎么就这么倒霉，喜欢上一个人，就万劫不复了。

纪经年一次又一次地伤害她，他究竟安的是什么心？

“好心，痴心，还有懦弱之心。”纪经年说。

第一次近距离地和周维在电梯里相遇，纪经年就已经打算不再懦弱了。哪怕她戴着耳机不搭理人，他也要把该说的话都说了。电梯里有周维的同事，断章取义地把话带回公司里，才有了那些陈年旧事的是非流言。

他们之间还是有误会。当年，纪经年看到桌上放着的周维画给他的小刺猬，根本没有注意到页角还有那么一句话。还发情呢，多让人脸红心跳的字眼儿。是他的同桌读出来，才一传十,十传百，搞得满城风雨。

后来事情闹到老师家长那儿，纪经年是有机会替周维辩白的，可他懦弱胆小没解释，就像默认了此事一样，只当事情如疯传的，她追求他，他拒绝了她。

纪经年早就后悔了，他对周维有那么一点点的喜欢，和不止一点点的欣赏。当时有，现在也有。这算是迟来的表白吗?

从电梯出来后，她坐在办公桌前，随手拿出签字笔，画了一只蜷缩着的小刺猬，下面还附了一句话：

“夏天到了，动物界没空调，小刺猬没那心思了……”

3

秋天临近了，一场接着一场的秋雨，周维的试用期眼看着就要结束了。

周维仍旧平凡，不爱表现，看上去处处比不上和她一起进公司的姚明明。

姚明明左右逢源，和人相处得极为和谐，就这点，也要比周维强许多。周维总是沉默，从不和人扎堆聊天谈论时装八卦，也不去刻意迎合讨好谁。更多时候，她都是独自一个人拿着笔在本子上勾勾画画。

似乎，周维出局已是注定的结果，除非有奇迹。

生活就是生活，别总迷信奇迹，那都是骗人的。

随着周维的离开，流言走了，真相来了。不是周维有什么后台，见了大BOSS，而是周维遇见了赏识她的人。她从小喜欢读画册，从没想过自己有天会参与到画册的制作当中，面试时她的要求很简单，只要能让她实习一回，做什么都行。人事主管看到周维画的刺猬那么憨态可掬又传神，于是考虑为她做个画册，也就答应了周维的实习要求。

通过这次实习，短短三个月时间，周维见证了职场江湖的险恶和人心叵测。她也深深明白，要想活得漂亮，必须让自己变得强大。

在周维临别前，人事主管再一次语重心长地送周维一句话："小周呀，你刚毕业，工作经验浅，得学会与人沟通啊，你看看人家姚明明，做些招人喜欢的事儿，至少吃得开。"

可纪经年却不这么说，他觉得周维身上有种与众不同的气质，她天生就是当画家的料，不必迎合谁，坚持自己的风格就好。

周维不想听纪经年再胡扯下去，她把从办公室里收拾的东西往纪经年车里一放，纪经年看到了一幅画，上面写着："小刺猬没那心思了……"

纪经年不绝望。他很肯定，早晚有一天，小刺猬还会有那种心思的，因为过了这一年，还有下一年。纪经年可以等下一个春天。

周维不知道的是，那些上学时周维随笔画的小刺猬，都被纪经年用手机一张张地拍了下来。自从知道周维有出画册的打算，他便把那些旧画翻出来，然后挑选一些配上文字，连起来就变成一册册有故事意韵的绘本。他用周维的名字注册了一个微博号，图文搭配的风格吸引了不少粉丝。

4

周维问过纪经年好几次，问他在出版大厦的哪一层办公，纪经年总是笑而不答。其实，他去出版大厦是为了洽谈书稿出版的事儿，现在的纪经年，是位年轻的网络作家。他给周维的画配文，简直天衣无缝。

后来的后来，周维成了一个以画画为生的画家。她要早知道这样，当初说什么也不会放下画笔的。她更勤奋了，在家里的画板上画，在素描纸上画，也在幼儿园的墙壁上和各种儿童乐园的墙壁上画。许多人看到周维画的小刺猬都喜欢得不得了。

没多久，周维的绘本出版了，很快又加印。她笔下讨喜的萌态小刺猬，十分受欢迎。

听到好消息的纪经年，在阳光下打开他久已不动的黑色钢琴盖，乐曲便行云流水般流淌出来。多么浪漫的庆祝呀，周维静静地坐在地板上看着纪经年，好像许多年前的某个午后，那时的他们，一个青春，一个年少，在浪漫而多情的夏天。

周维发现，纪经年演奏乐曲时爱嘟嘴，他的眼睛细细的、弯弯的，远看像只小老鼠，于是周维的笔下就又多了一种萌萌的小动物，一只小老鼠穿着绅士燕尾服，有时坐在钢琴前打哈欠，有时拿着指挥棒笑嘻嘻，画面上飘满了蝌蚪一样黑色的小音符。

之后不久，小刺猬和小老鼠冰释前嫌相爱了，在绘本里，在故事里，在生活里。

他说：
毕业在即，
再不表白就晚了。
她说：
爱情可以耐心地等，
来得慢一些，
再慢一些，
只要它是真的。

多情的告白

重逢

老同学的聚餐会定在距学校五百米的“光阴隧道”，那里和上学时没什么两样，不喧嚣，不吵闹，却有种乖张的美，适合谈情说爱，也适合老友叙旧。

郭大帅是第一个到的。

他点了一杯特基拉炸弹，兑了冰雪碧，盖上杯盖，杯口向下猛一倒，再倒回来，撤走杯盖，迅速一大口喝掉。毕业后走过很多地方，只有这里的酒味最纯、最爽口，也最让郭大帅怀念。

他满足的目光掠过三三两两的人群，正好看到一个长发及腰的美女正四处打探寻找着什么，恰好迎上了郭大帅的视线。

这一对望，有穿越时空的力量。

长发美女径直朝郭大帅走来，他像被施了定身术一般，动不得丝毫。美女走得越近，郭大帅越紧张，他简直不敢相信那美女就是上学时有点胖有点呆的阮薇薇。

她的齐耳短发长了、有卷了，运动鞋换成小高跟，以前常穿在她身上不是黑色就是蓝色的运动休闲服早没了影。这女人的变化实在太大，颠覆了郭大帅所有的想象。

在赴约之前，郭大帅就曾幻想过和阮薇薇再见后的场景，甚至，他把要和她说的话在心里反复排练了许多遍。

可现在，郭大帅所有的想法都变成一个疑问："她怎么会变成这样？"

郭大帅的印象里，上学的时候阮薇薇除名字像个女孩子外，其他地方都不像女孩子：不造作，不娇气，不掩饰，大大咧咧，跑步不输男同学；和男生组队在网吧里玩游戏；一边喝着啤酒吃花生豆，一边大呼小叫地看球赛，为自己的偶像和别的球迷辩得面红耳赤，过后仍像什么也没发生过的好哥们儿似的。那个时候，几乎没有人把她当女孩子看待。

同学们陆陆续续地来了，有的根本没认出阮薇薇来，还以为是郭大帅带来的女朋友。郭大帅倒也不见外地不离她左右，和上学时一样，只不过多了几分恭敬与顺从。

聊起上学的旧时光，同学们个个都挺高兴，不多大工夫，“光阴隧道”就沸腾了。最后还是阮薇薇先开口，她问郭大帅：“你和何小染，现在怎么样？”

何小染是郭大帅曾经的女神。

NPC

那是五年前，毕业在即。郭大帅呼呼带风地跑进校图书馆第二层，挤在阮薇薇身边坐定，拿出手机在她眼前摆弄几下，于是，阮薇薇就看到校园人人网的表白墙上，郭大帅的爱慕者对他略带含蓄没有署名的告白。

郭大帅抑制不住兴奋。他说：“薇薇，我被公开表白，简直就是男生们的传奇和骄傲。可是，身为一个男人，让女生主动总不太好，我要对这个女神展开狂热的追求！”

“女神？哪个女神呢？”阮薇薇和郭大帅做了许多年哥们儿，从不知他心里有女神。

郭大帅被阮薇薇问得有些腼腆：“就是那个啊，毕业文艺会演在隔壁排练的何小染，舞跳得特别棒，眼睛特别大的那个。昨天天气热，她还给我买冰饮了呢，亲自送到我手上的。”

“冰饮哪个人没买过？你怎么就知道她对你有意思？”

“不管，就是她，我确定。你看我俩的名字，郭大帅，何小染，一大一小正相配。”

一问一答间，阮薇薇就明白了郭大帅的心意，他喜欢何小染。郭大帅是个什么样的男生阮薇薇太了解了，他不懂浪漫，不解风情，始终学不会用甜言蜜语哄女孩子开心，花前月下、风花雪月这些词和他根本搭不上边儿。

没过一会儿，就见郭大帅的字条递上来了：“你帮我追女神，我帮你减肥，好不好？”

阮薇薇沉思了一会儿，回了他两个字：“成交！”

阮薇薇很清楚，自己的这个角色怎么说呢？有点像游戏里的 NPC。举个最简单的例子，就像《植物大战僵尸》里疯狂的戴夫，非玩家角色，做任务时和买卖物品时都能用得上。

也有人问阮薇薇，你和郭大帅关系走得那么近，就没有一点爱情的感觉？每当碰到这问题，阮薇薇都会反问一句，我和郭大帅，是哥们儿，友情，你懂吗？

逃 跑

临近毕业，校园里的很多恋人正在忙着分手，可郭大帅却高调地追女神。很多人都嘲笑着问他："大帅，早干吗来着？"

郭大帅嘿嘿一笑，并不回答。

阮薇薇给郭大帅想的主意都挺轰动，而且相当浪漫，主要是为了见效快。什么女寝窗前唱情歌啦，夜晚摆心形蜡烛啦，或者找九十九个人分别送女神一枝花啦，全都是阮薇薇在网上搜到的追求女生速成大法。

在 ABC 三个方案中，郭大帅选择了第二个——摆蜡烛。

具体计划是这样的：阮薇薇先去何小染的寝室和她说些闲事儿，然后再不经意地走到窗边，让她看到郭大帅摆的心形蜡烛里"小染我爱你"几个大字。

这样的举动哪个姑娘不喜欢？感动到泪流满面有没有？

太完美了！

到了晚上，天渐渐黑下来，阮薇薇和郭大帅一人抱着一箱从淘宝上拍来的蜡烛在寝室窗前的空地上摆造型，等摆得差不多了，阮薇薇又跑去何小染的寝室。

所有的蜡烛全点亮时，正赶上寝室熄灯，一片黑暗之下，那阵势真叫一个壮观。最先感动的是阮薇薇，烛光映红了她的脸，她就那么碎碎念着："要是有人肯为我这样，多好。"

郭大帅在楼下大喊何小染的名字，结果叫来了学校保安，最后灰溜溜地走了。保安大哥还浇灭了蜡烛，说引起火灾可不是闹着玩的。

何小染应该看到那些蜡烛了吧，因为隔天郭大帅约何小染看电影，她点头同意了。

和何小染看电影回来的那天晚上，郭大帅到操场上找到正在跑圈减肥的阮薇薇，跟着她一起跑，边跑边汇报和何小染的发展进程。他对阮薇薇的感谢真是无以言表，上哪儿找这么忠心的爱情军师去？

郭大帅几次欲言又止，最后喘着粗气问："薇薇呀，和女生接吻得怎么弄咧？"

阮薇薇差点一口气没上来，翻眼看郭大帅，没好气地回答他："这个，这个，回家买瓶啤酒，喝完拿瓶子自己嘴对嘴练去。"

说完，来了一个加速跑，把郭大帅远远地甩在后头。

郭大帅和阮薇薇学生时代对彼此的记忆就到这里了。阮薇薇第一批签好就业合同提前离校，和郭大帅连道别都没有。因此，郭大帅和何小染的故事，阮薇薇并不知道结局。

告　白

有人说，一定不要和认识很久的朋友谈恋爱。如果你们真的适合做恋人，当初就不会成为朋友。

真的是这样吗？

聚会上，郭大帅和阮薇薇窃窃私语的时间越长，起哄的声音就越多，一个男未婚，一个女未嫁，本来感情基础就好，旧友们节奏一致地吵嚷着让他们在一起。

索性，郭大帅一把拽起阮薇薇的手，退出了聚会。身后嘲笑他们着急去开房的声音越发大了。其实，郭大帅带着阮薇薇去校园的林荫小路散步了。

那是他们毕业后第一次回校。深夜，有微微的风，能听到树叶“沙沙”的响声。转几个弯就是操场，校园里变化真的不怎么大，还和几年前一样，郭大帅说着他们离别后的故事。

爱情从来都是当局者迷，有阮薇薇在身边的时候一切再自然不过了，若她消失不见，郭大帅便感觉整个世界都空荡荡的，连女神都没有了往日的光彩。何小染留给郭大帅的最后一句话是：“我不喜欢心里装着别人的男人。”

如果阮薇薇亲眼看到郭大帅在她离开学校后有多么的失魂落魄，那么，她还有勇气离开吗？

郭大帅直截了当地问了一直想问阮薇薇的问题。他说：“校内网表白墙上说喜欢我的，没有署名的女生是你，对不对？”

心事被发现的阮薇薇显得局促不安，她东拉西扯地想要岔开话题，却怎么也挡不住郭大帅缠上她腰际的手。

郭大帅的手在阮薇薇的身后摸索着说：“薇薇呀，你现在有腰了呢，怎么瘦下来的？”

阮薇薇又恢复了以前的豪爽劲。她半眯着眼睛迎上郭大帅的目光说：“成天看着自己心爱的男生围着别的女生转，能不瘦吗？”

郭大帅认识的阮薇薇回来了，她奔放，不装，不作，活得很自在。和她相处，不用刻意讨好，说不出来的舒服。

就是这样，爱情可以耐心地等，来得慢一些，再慢一些，只要它是真的。

有些人，
分明呼吸着差不多的空气，
却独立生活在各自的世界。
而缘分的奇妙之处，
在于它看不见，摸不着，
却是真实地存在着。
所以，
爱上一个人不需要靠努力，
只需要际遇，
是上天的安排。

爱情闪回的瞬间

十八年前

那一年，胡馨元和蔡鹏都是六岁，他们同住在芙蓉巷里，胡馨元住在芙蓉巷 198 号，蔡鹏住在 337 号。

芙蓉巷是一条老街道，深深的巷子青石铺路，路口有一家迷你超市，一个文具店，巷子里偶尔还有叫卖特产的声音。胡馨元爱吃炒栗子，每当听到一个老伯的叫卖声后，就会跑出家门，高高兴兴地买一斤还温热的栗子。而蔡鹏和他的妈妈最爱吃甜甜的桂花糕，每当听到巷子里有叫卖桂花糕的声音，他就会跑出去，高高兴兴地买一斤和妈妈一起享用。

那一年，胡馨元和蔡鹏都上了芙蓉路小学。在新生入学迎接仪式上，胡馨元被分到一年级一班，站在操场的最北边第一排；蔡鹏被分到三班，站在正对着操场讲台的第一排。

每天上学，胡馨元要踩过656块青砖才能走出芙蓉巷，而蔡鹏比胡馨元住得远些，他要踩过884块青砖才能走出芙蓉巷。芙蓉小学里住在芙蓉巷里的孩子有很多，他们同一时间、同一条路上学，回家。可是整整六年，胡馨元和蔡鹏从来没有碰到过，谁也不认识谁。

他们呼吸着差不多的空气，却独立生活在各自的世界。

后来他们又在同一年升入初中，然而胡馨元却要随父母搬出芙蓉巷，迁到别处去居住。要搬去的新家，胡馨元去看过几次，楼层很高，小区内的平板路很宽敞，而且，离小区不远还有个大大的广场，她很喜欢那个地方。

胡馨元只在芙蓉巷学区内的初中上了两周就转学了。两周的时间太过匆匆，她连班级里其他四十二名同学的名字还没记全就离开了。而这四十二名同学里，就有蔡鹏。

蔡鹏发育比较晚，他刚进初中时个子很矮，就坐在教室第一排的座位上。可能是他又瘦又小，再加上并不活跃的性格，所以很难给人留下什么深刻的印象。

胡馨元转学走的那天，班主任老师摸了摸自己的大鼻子笑着说："馨元啊，如果新学校的进度跟不上，可以回来找老师给你单独补补课。"胡馨元对班主任老师的印象很深刻，她觉得这位老师总会让人感觉特别温暖，就是相处的缘分太浅了，浅到只有匆匆两周。

此后，胡馨元和蔡鹏，一个城南，一个城东，连擦肩而过的机会都没有。

蔡鹏在初中时落下了近视，脸上多了一副眼镜。而胡馨元在初中时，因为阑尾炎手术，身体上多了一道抹不去的伤疤。

九年前

缘分的奇妙之处，在于它看不见，摸不着，却真实地存在着。

几年后，胡馨元和蔡鹏以差不多的分数考上市里同一所高中，但不同班。他们都是寄宿生，在同一个食堂用餐，乘同一路公共汽车回家，也同样爱吃食堂北侧那家台湾六合包。甚至有时，在校内的白桦林，他们一个靠在树上练口语，一个躲在树荫下背课文，互不打扰。

一晃三年过去，他们的关系没有什么变化。紧张地复习，紧张地参加高考，按部就班，又十分心有灵犀地在高考志愿表上填报了同一所大学，进了同一所学院。

那所学院是个新建的校区，离以前的芙蓉巷很近，相隔不足千米，此时，芙蓉巷变成一所高楼林立的高档社区，青石铺成的小路已不知所踪，那个地方已全然不是当年的模样。

大学校园里，胡馨元住女生宿舍 2 号楼，蔡鹏是男生宿舍 5 号楼，他们之间打过很多次照面。

大一时，蔡鹏迷上了吉他，听老生说每年都会有院系联谊会，于是他买来吉他和吉他谱，打算自学成材。半年时间过去，蔡鹏自学了好几首吉他曲，刚刚熟练吉他弹唱。他把好听的歌曲唱给同班同学听，唱给暗恋和喜欢的姑娘听，胡馨元也曾经听到过。

在元旦前一日的院系联谊会开始时，蔡鹏抱着吉他唱情歌时，胡馨元在旁边的桌子上包饺子，那时他们两个人都没有真正恋爱过。

大二时，蔡鹏迷上了打篮球，因为他想让自己长得强壮些，不再以弱不禁风的文弱书生形象示人。他早起时去篮球场，傍晚时也去，总是满身的汗水。而这一年的胡馨元，身材开始发胖，她也在运动，每天傍晚时候都去体育场跑步，少则两三千米，多则上万米。篮球场和体育场很近，近到什么程度呢？胡馨元在操场跑步时，会听到篮球场那边传来的声音。

这一年，正赶上学院的建校五十周年庆典，蔡鹏的身体越来越壮，性格也变得开放热情。他作为五十周年校庆活动的策划人员之一，在指挥舞台布置，而胡馨元负责舞台美工，在后面的大背景上贴标语。

到大三时，胡馨元恋爱了，男朋友是她的同班同学，长得一表人才，很会哄女孩子开心。胡馨元着实体会到爱情的味道，也过了一段快乐的日子，可惜好景不长，大学刚毕业，那个优秀的男生就选择出国留学，和胡馨元说再见了。

在这期间，蔡鹏也模模糊糊地谈过两三场恋爱。他渴望爱情，觉得符合心意就展开热烈的追求。哪个男孩子没有情窦初开的时节呢？可他大多数时候，不是追求无果，就是拥有短暂的恋情后以分手告终。

大学毕业后的蔡鹏，赌气似的去了上海闯荡，而胡馨元留在当地工作。她哪里也没去，就守在父母的身边，守着自己的家乡。

现在，就是现在

两年后，蔡鹏从上海铩羽而归。不是奋斗得不够好，只是感觉陌生的城市陌生的人群，都不是先前他渴望的生活。在家调整两个月，他把所有的时间用来陪父母亲说话，四处走动拜访亲戚。蔡鹏忽然觉得这种恬淡的日子其实也非常不错。

两个月后，蔡鹏去一家公司面试，在路边打车时，刚好遇见生怕上班迟到而打车的胡馨元。他们顺路，就拼车同行，终于有两个人的第一次搭讪。

蔡鹏面试通过的公司，和胡馨元上班的公司在同一座大楼里。一个在 26 层，一个在 22 层。

工作闲暇时，蔡鹏偶尔会给胡馨元发去信息，如果两个人时间都闲，便一个往上走两层，一个往下走两层，在 24 楼的楼梯过道走廊，站在同一个窗口，同时望望窗外，缓解一下疲劳。

他们终于知道，原来他们的生活曾有那么多的交集。

关于芙蓉巷的记忆，炒栗子和桂花糕的叫卖声，还有文具店里他们渴望拥有的米奇电动橡胶笔；他们完全不记得对方，但是都记得那个鼻子大得有点离谱的班主任赵老师；还有，他们居然在大学的活动照片里看到彼此的样子……

对于胡馨元和蔡鹏来说，似乎爱情就是未开采的露天大煤矿，是上天给他们预备好的。然后他们无意间走到那里，发现了，就拉回家，开始用来取暖。原来上天早早就在他们之间写下一个大大的“缘”字，那么还有什么理由不牵手呢？

后来，他们把婚礼提上日程，两家父母见面时才发现，胡馨元的爸爸和蔡鹏的妈妈是以前的老同事。两位年过半百的老人互相握着手，直说这真是前世修来的缘分。

认识还不到一个月，胡馨元就披上了婚纱，蔡鹏挽着她的手寸步不离。彼此都认定对方是自己生命中最重要的那个人。

萧伯纳说过这样一句话：此时此刻在地球上，约有两万个人适合做你的人生伴侣，就看你先遇到哪一个。胡馨元和蔡鹏，这么多年来飘飘荡荡，直到此时此刻，才都感觉到幸福的开始，和漂泊的结束。

爱上一个人不需要靠努力，只需要际遇。可能有人会说“前世姻缘”“命中注定”，只存在于古典爱情或者充满幻想不切实际的影视作品里，但他们这一对儿就是现代爱情里缘分天注定的最好例证。他们接下来要做的，就是努力让这份爱持续下去。

在婚礼现场上，胡馨元和蔡鹏特意准备了一个环节，那就是朗诵波兰女诗人辛波丝卡的著名诗作《一见钟情》：

他们彼此深信，
是瞬间迸发的热情让他们相遇。
这样的确定是美丽的，
但变幻无常更为美丽……

胡馨元和蔡鹏不止一次地想，《一见钟情》就是为他们量身而做的。

他们非常惊异，
已经有相当长的一个时期，

他们遇到的尽是机遇。

他们时聚时散，

命运常出现在他们的路上……

有些时候，
人觉得幸福，
不是盘算着自己失去了什么，
而是知道自己拥有什么，
并好好珍惜。

一场好心的相遇

1

林小俏被人盯上了。

她小跑似的走了一整条街，始终感觉有个高大的身影不紧不慢地尾随在她身后，她走得越快，跟她的人也走得越快，摆脱不掉。林小俏有点害怕，几乎是用跑的速度往前赶，同时脑子也在不停地转，打定主意和跟踪她的人来个正面迎击。

正在这时，林小俏眼角的余光扫到有只手向她接近，她身子轻轻往前一挪，抓住那只快落到她肩膀的手，转身，用力，抬脚，一个漂亮过肩摔，再加一个完美的回旋踢。动作干脆利落，一气呵成。林小俏深吸口气，拍拍双手马步站稳。小时候学的几招防身术在关键时候终于派上用场。

旁边三三两两围了些路人，林小俏觉得自己勇斗歹徒的行为简直帅到可以上报纸了。她高挑着眉毛看着躺在地上的大男孩儿，还围着他转了一圈。男孩儿的身高差不多一米八左右，好像手被扭伤了，痛苦地将身体蜷在地上。

随后，林小俏看到，被男孩儿压在身下的笨笨熊布包。

“我就是做点好事送个落在公交车上的包包，你至于这样对我吗？”乔磊的说话声里都带了哭腔，看来疼得够呛。

原来林小俏误会了好心人，还把人给打伤了。林小俏的表情马上变得柔和。她放低姿态，一边不停地解释道歉，一边把乔磊搀扶起来。乔磊右胳膊伤得很重，动都不敢动，穿过层层人墙。林小俏叫了出租车，直奔爸爸正住着的那所医院。

医生诊断，乔磊的肩关节严重脱位，得做个复位，再用三角巾挂半个月的吊带。医生说，肩关节脱位的康复重在保养，要不然以后动不动就得脱臼，搞不好影响一辈子，可不是闹着玩的。

医院都快成了林小俏的家。她同时照顾两个男人，爸爸和乔磊，一个心脏病科，一个骨科，楼上楼下来回跑。

等他们都睡下了，林小俏拿着医院的对账单，一个人傻坐在走廊的椅子上。以前不当家不知柴米贵，自从爸爸患了心脏病，差点撒手人寰，家里所有的钱就都归林小俏管了，她仿佛一夜之间长大。

乔磊的医药费又是一笔不小的开支，需要钱的地方太多了。可乔磊拦下了林小俏掏钱的手，说："胳膊弄伤了你也不是故意的，再说，要是我能喊得再大声一点，根本就不会受伤嘛。"

2

林小俏的鼻子有点酸。她看得出来，乔磊是个善良的人，她感动得不知道说什么好，心里暖暖的，她用手指头勾了勾乔磊吊在胳膊上的带子，答应了他。接下来的半个月，她一有空就去照顾他。

乔磊也没急着走，晚上，他坐在林小俏的身边，一起陪在她爸爸的病床前，三个人一起说说笑笑的画面，看起来那么和谐。

林小俏爸爸的心脏搭桥手术定在三天后。本来是要照顾乔磊的，可乔磊见林小俏一个女孩子忙前忙后，反而挎着胳膊上的吊带和她一起等在手术室的门口。

林小俏的妈妈在她十二岁时离开了家，那时的林小俏有爱她的爸爸，还不觉得怎么样，可一手把她养大的爸爸病倒了，林小俏觉得天都塌了。她也想过向妈妈求救，碰到乔磊，就是她去找妈妈的路上，她一百个不情愿，十分犹豫，所以才会思虑过多，在下公交车的时候忘记了放在座位上的包包。

就算拼尽全力，林小俏也要以一己之力渡过难关。

爸爸病好后，她不打算去上课了，一心想要找工作赚钱养家，苦点累点都没关系。就这样辛辛苦苦领到第一笔工钱后，她去时尚小街给爸爸买了新鞋子，给乔磊买了一顶非常帅气的帽子。

送帽子时，林小俏问了乔磊一个在她心里纠结很久的问题。“如果，”林小俏又重复地说了一句，“我是说如果，如果你的妈妈抛弃了你，你会原谅她吗？”

乔磊没有直接回答林小俏的问题，而是在周末的时候带她去了一个地方。那是一所学校，住着一群特殊的孩子，他们自闭，失聪，交流障碍，有的还无父无母。乔磊在这里做义工已经好多年了，会定期给孩子换画布，他在画布上装点漂亮的图案，让孩子们发挥想象随意涂鸦。

乔磊一边给画布上色，一边问林小俏，看到他们，你还觉得自己不幸运吗?

有些时候，人觉得幸福，不是盘算着自己失去了什么，而是知道自己拥有什么，并好好珍惜。林小俏好像找到了她想要的答案。

林小俏有爱她的爸爸，还有乔磊，她知足了。

而林小俏不知道的是，乔磊是林小俏妈妈住得不远的邻居，否则他们最初也不会坐上同一趟车。乔磊很早就认识林小俏的妈妈了，那是个贤惠漂亮的女人，她的话不多，但见谁都轻轻地打一声招呼，也不经常笑。她好命地嫁了个爱她的丈夫，有个调皮健康的儿子。

“那就是说我还有个弟弟啰。”林小俏笑着说。

妈妈和爸爸为什么离婚，林小俏不知道，那时候她还太小，不懂大人的世界。爸爸说，谁都有过年轻气盛互不相让，也会在没有遇到对的人之前犯下一些错误，只是苦了林小俏。

这么些年，他一直在尽力弥补当初一时冲动犯下的错。他对林小俏照顾得无微不至，一点儿也不比做妈妈的差。

林小俏从来不在爸爸面前提起妈妈，她记得妈妈和爸爸吵架发疯的样子。妈妈刚走的时候，偶尔还会看看她，可林小俏躲她躲得远远的，死也不撒开爸爸的手。长大以后，每当想起妈妈狠心丢下她，林小俏就恨得不行。

“可改变不了的事实是，她是把你生下的妈妈。”乔磊说。

怎么说呢？林小俏觉得乔磊的胸怀，宽广得像大海，在他心里，好像没有什么不可原谅的事。

乔磊说：“与其记恨抱怨别人，让自己过得不快乐，不如放开胸怀，爱这个世界。”

乔磊还说：“小俏，如果你这样做了，就会得到更多的爱。”

林小俏听了乔磊的话以后，真的觉得轻松了许多。她要爱这个世界，然后得到更多的爱。

那几日，林小俏总是徘徊在妈妈家附近，她常去的菜市场，常逛的超市，还有接送弟弟要去的辅导班。忽然有一天，林小俏看到一个鬼影般的男人围绕在妈妈的左右，一看就不像好人，当那个猥琐男人把手伸进妈妈腰包时，林小俏二话没说，就做了一件她认为充满正义感的事，把人高马大的小偷吓得掉头就跑。

隔了十六年，林小俏又被妈妈抱进绵软的怀里时，真有种说不出的幸福感觉。妈妈说："小俏，你偷偷地来看妈妈，正如妈妈以前总是偷偷躲在角落看望你。"

那天，林小俏母女俩哭得昏天暗地。

事后乔磊问："如果看到有危险的不是自己的亲妈，你也会那么勇敢地往前冲吗？"

"当然会。"林小俏笑着回答他，"别忘了，我可是有功夫在身的。"

在一起

林小俏回到学校正常上课了。

走在校园里，林小俏把头抬得高高的，因为她学着乔磊的样子，开始做起了义工。

有天，乔磊头上戴着林小俏送的帽子，穿得帅帅的，去学校接林小俏回家。这天林小俏的妈妈会带着弟弟去家里吃饭，一家人团聚，还邀请了乔磊。

走在一条风景优美的小路上，乔磊问："林小俏，你喜欢我，对吧？"

心事被发现的林小俏脸红到脖子根，手也不知道放哪里好。她极力否认："谁喜欢你了，少臭美。"

乔磊说："你知道送给男孩子帽子暗含着什么意思吗？"

"意思是，我会永远爱你，并想得到你的吻。"乔磊说完，把帽子摘下，将他的吻印在林小俏薄凉的唇上。

真好，林小俏得到的爱，越来越多了。

到了生命的某个时候，
如果他未娶，如果我未嫁，
或许我们可以凑个对儿。
但是接下来，
我也要去流浪，四处游玩，
用我的眼睛感受世间的美景。

我还是不够爱他

我和陈赫认识整整七年，但见面总共不过三次。前两次见面是他来找我，第三次见面是我去找他。

初次见面

陈赫的博客是我们相识的地方。那时我还是个在校生，校报的小编辑一枚，做一个选题策划时，在网上看到陈赫一篇关于大学新生入学的文章，写得犀利深刻有见解，十分欢喜地联系上他，以后就编辑到校报里。他的文字总能把人带进另一个时空另一个世界。

后来，在我工作一年以后，陈赫大学即将毕业，他在QQ里跟我说："小雨，我去广州，可好？"然后，他坐了二十多个小时的火车赶来。在火车站，是我接的他，凭着一张照片，我们在人群中找到彼此。陈赫说他在广州无亲无友，除了我。他打算在广州发展，于是找工作成了头等大事。

陈赫才情满满，信心百倍，拎着简单的行李。他来的第一天，立在繁星之下的广州街头对我说："小雨你看着，不出一个星期，我就能在这里站得住脚。"

那时的陈赫，留给我的大多记忆，是穿着几日不换的白衬衣，窝在空间逼仄到只能放得下一张床的小旅馆里吃泡面。

理想的丰满和现实的骨感不足以形容陈赫那时的心情落差和生活维艰。即将毕业的学生，称心如意的工作真的很难找，他四处碰壁，眼见着口袋里的钱越来越少，以至于到后来，他对工作的要求只剩下一个，管吃管住就行。终于，他以新闻传播学的专业特长进了一家企业，做内刊编辑。

陈赫上班的企业在郊区，离市区有一段距离。在搬离小旅馆的前一夜，我去找陈赫，打定主意带他逛广州最美的夜景。他推托说不去，我知道他是努力维持着身为一个男人的尊严，因为他的钱包羞涩，以致人更羞涩。

可这有什么关系呢？

我把他拉出小旅馆，风一样跑了出去。等他顺从地跟上我的脚步时，我才感到他的手心有汗，潮湿，温软。我放慢脚步，放开他的手。陈赫说：“小雨，你的脸比霓虹还红。”

我们就这么牵着手，穿过来来往往的人流，跑到三元里的地铁站，耳边飘过流浪歌手的歌声。那晚，花不多钱的煲仔饭和阳桃，我们吃得特别香甜。逛夜市的时候，一个卖玫瑰花的小女孩扯住陈赫的衣角，他用尽自己所有的钱，买了两朵玫瑰花送我。

我嗔怪他说：“那么贵的东西，你很有钱吗？”但后来还是笑着把花收下。

许久之后，我看到陈赫把这一晚的经历无限美好地记在他的博客上。他文字里的我，添加了更多美好和善良。

我想过很多次，他才情满满，信心百倍，外加有男子不多的温柔、内敛和沉稳，如果不是太穷，如果不是比我小两岁，他一定会是一个很好的男友。

再见广州

陈赫第二次来广州，同样是个三月，微雨，和他五年前第一次来时差不多的天气。我在机场的出口处等他，除焦急不安之外，还隐隐有些期待，不知道他有多大的变化。

时光真神奇，带来了什么，又带走了什么，都悄无声息。

机场的广播里传来飞机降落的消息，不多时见到陈赫，他说的第一句话是："咦，你怎么一点都没有变？"

可是，陈赫的变化真的很大，他成熟了很多。

他当年离开广州连道别都没有，走的时候只发了一条信息，说要回校领毕业证，还说他不适合物欲横流的广州，也不喜欢。我能理解他空有一番志向抱负却无处施展的郁郁寡欢，因为他说企业说把他招进去做编辑，其实不然，基本像个杂工，什么事都得做。

现在陈赫所从事的工作，是给产品写视频台词脚本和宣传文案等，虽然做着仍距他的文学梦非常遥远的工作，但总算小有所成。他这次来广州，是承接一个产品的宣传推广项目。

等陈赫在宾馆安顿好以后已经是午夜了，我说请他去吃最好的牛排，他说要吃怀念已久的煲仔饭；我说带他去音乐会转转，他问我地铁站里是不是还能遇见流浪歌手。

流浪歌手是从来不缺的，只要找对地方。子夜时，我们便遇见一个，歌声相当不错，我们一边听着歌手的歌声，一边跟着轻轻地和。直到深夜两三点，人们三三两两散去，最后观众只剩下我和陈赫。帅气的流浪歌手唱完最后一曲，将吉他从肩头卸下，之后我们三个人就坐在地上天南海北地聊了起来。

每个人都有每个人的想法，每个人也都有每个人难言的苦衷。原来流浪歌手本来家境不错，但却不愿受世俗的约束，于是拎起吉他，洒脱地走到哪里唱到哪里。他说夜深人静时，音乐才是音乐。

那一夜，流浪歌手背着吉他走后，我和陈赫又赶往下一个地方，去海边看日出。

天还未亮，海边有些冷，我以最舒服的姿势坐在车子里，陈赫把他的薄外套披在我的身上，跟我讲这几年去过的城市。太阳隐隐透出云层的时候，我们走下车，等天光放亮。那一刻，我忽然问陈赫，他有没有女朋友。

长期以来，我们的话题从小说谈到电影，从楼价谈到球赛，但涉及个人情感，这是头一次。陈赫摇了摇头，他自嘲地说，有哪个好姑娘能愿意爱他那样一个穷小子。

我和他约定，到了生命的某个时候，如果他未娶，如果我未嫁，或许我们可以凑个对儿。但是接下来，我也要去流浪，四处游玩，用我的眼睛感受世间的美景。这个想法不是忽然有的，一直很渴望过一过那种浪迹天涯的日子。

陈赫对于我的这个决定，不赞同，也不反对。他说生活都是自己的选择。

在他第二次离开广州不久，我辞职了，背上简单的行囊，开始了苦行僧般的漂泊生活。

就此错过

我在外游玩的日子一过就是两年。在这个过程中，我尝试过很多种类的美食，也认识了很多陌生的朋友。有的地方我会玩上一两个星期，而最长的一次是在一个特别喜欢的城市，边打工边游玩地停留将近半年。真的，走过路过看过的越多，就越会感觉到自身的渺小。

最后一站是尼泊尔，听去过的人讲，那是一个使人心情沉静，怎么走都走不够的国家。但很不幸的，我赶上了八十年一遇的大地震。

亲眼见证了灾难和死亡，对生命就有了更加敬畏之感。回国以后，我给亲人分别打了一通电话，却没有直接回家，而是去了陈赫生活的那个城市。我有一种预感，我真的到了生命的某个时候，如果可以，这一次我愿意多停留一些时间，要多久就可以多久。我在 QQ 上给陈赫留言说："几个小时后，到你的城市去见你。"他很快回复说要来接我。

第三次见到的陈赫，神采奕奕，用风华正茂来形容他一点也不过分。他用三天时间带着我游览西安古城，看古迹，游城墙，逛博物馆，去有特色的书城，吃各种小吃。他说他喜欢西安，决定在此终老。我又问起他："爱情是否已有着落？"他先腼腆地笑了笑，然后重重地点了点头。

意外总是来得这样猝不及防。

我对陈赫身边的女孩子表示出好奇。陈赫说，他已安排好，等他女朋友周末休息时，就带她给我看。

周末到了，陈赫请我去他家做客，他的女朋友也在。陈赫的家很温馨，房间也打理得极为整洁。他的女朋友特别热情，大家聊几句之后，她就进厨房做菜去了，把客厅留给了我和陈赫。

陈赫跟我讲她，那是个和我一样，最初被陈赫的才华吸引的女人，但她和我不同，她有勇气跨越距离，舍弃原来的生活和陈赫走到一起。还有更重要的，她不嫌弃陈赫是个穷酸书生，说只要两个人愿意共同奋斗，未来一定不会太差。她不在乎也不自卑于自己的年龄比陈赫大，当然，陈赫也不在乎，因为相爱。

对于陈赫，我想要么是我们的缘分不够，要么是我不够爱他，最后注定错过。我也只能祝他们永远相爱，一直幸福。

西安是我漂泊的最后一站，我没待太久就回广州了。走的那天，陈赫和他的女朋友一起送我。如今，陈赫还在我的好友栏里，但是，我们却没有以前那么多说也说不完的话了。

她说：
爱就是有这样的魔力，
能让人变得更加优秀。
他说：
爱情里只有爱与不爱，
没有谁比谁更优秀的较量。

记忆里深深的小酒窝

1

韩雨在报社崭露头角，是因为她接了一个广告大单。在不景气的纸媒市场，韩雨的这个月业绩很鼓舞人心，她也得到报社高层领导的重视和认可。既有一手好文笔，又有极强的广告业务谈判能力的韩雨被调到广告部，成为广告部门一个业务小组的组长。

坐在比以前宽大的新办公桌前，韩雨舒展了一下身体，心里有她的小得意，因为自己现在终于可以和薛凌云平起平坐了。

薛凌云是韩雨的男朋友，他们的爱情从校园的时候就开始了。

那个时候，薛凌云是校文学社的社长，韩雨对他的崇拜犹如滔滔江水连绵不绝。她喜欢他的才华横溢，喜欢他微笑时深深的小酒窝。男人的小酒窝，绚烂得像一道彩虹，陶醉了韩雨的心田。韩雨与薛凌云第一次在文学社里见面，薛凌云拿着韩雨的作品称赞她的名字起得好，还娓娓念了一首诗：寒雨连江夜入吴，平明送客楚山孤。洛阳亲友如相问，一片冰心在玉壶。

薛凌云说，韩雨的名字与冰心在同一首诗里呢，有前途。

自从薛凌云这样解读一番之后，韩雨对自己的名字就不那么讨厌了。她从小就不喜欢自己的名字，觉得父母在起名这件事上太草率了，只因为妈妈生她那天是个阴雨天，雨一直下，所以就给她起了韩雨这个名字。

韩雨曾不止一次跟爸妈抱怨，名字会跟人一辈子的，为什么不认真点，起个独特又洋气的，至少也该有一些女孩子的温婉呀。但这改名的想法，在遇到薛凌云以后，就终止了。

韩雨跟随薛凌云进了文学社，成了一个热爱文学的小青年。再后来，韩雨又跟随薛凌云的脚步进了一家时尚类周报社。

热爱文学的薛凌云简直就是上帝的宠儿。他从中学开始便有诗歌文章在报刊上发表，校园体育场外的展览板上，常有薛凌云的佳作。在校时他就给报社写过栏目稿，毕业后很容易就进入报社成为一名责任编辑。相比较韩雨就逊色很多，她在报社的见习期十分漫长，等薛凌云平稳地升为首席编辑时，韩雨才转正当了个小记者。

韩雨的快乐在于，她与薛凌云的差距越来越小，小到几乎可以视而不见。帮她缩小这差距的功臣，是一位名叫宋思安的男子。

宋思安是一位珠宝设计师，社里对他有采访计划，可其他人都嫌弃他的分量不够不愿意前往，韩雨才顶班代替。谁知后来，韩雨采写的稿子如行云流水，特别有精气神儿，珠宝商很满意，大手笔地投了全年的广告。到了这个时候，韩雨才知道，宋思安不只是个设计师，还是品牌珠宝企业的掌门人，那篇人物稿，深得他心，所以才有了此后长期合作的关系，还顺带着介绍了一些能发展为客户的朋友给韩雨。

2

韩雨拼命工作，业务小组在她的带动下渐渐有了起色，接管整个广告部就成了指日可待的事。但做广告业务和搞文字创作毕竟不一样，那些广告客户需要定期维护，偶尔聚餐应酬也就在所难免，有的时候，韩雨还会端起酒杯跟人应付。有几次，薛凌云亲眼看到宋思安把韩雨送回报社。

广告客户而已，何至于把关系处理得那么暧昧？薛凌云因为宋思安的事和韩雨吵闹，他生气的时候眉头紧锁，眼里能冒出火来。韩雨也不气，歪头一瞧，咦，小酒窝还在，原来生气的时候小酒窝也会出现呢。薛凌云的气散了大半，可他还是在转身前说了一句韩雨最不喜欢听的话，他希望找回原来的韩雨。

韩雨就不明白，自己怎么就和从前不一样了？

相比于从前，韩雨更喜欢现在的自己。通过这几年的奋斗，她终于达到与薛凌云差不多的高度。甚至，她隐隐地感觉还超过薛凌云那么一点点。

自从韩雨升职后，薪水和提成也水涨船高。现在的他们，不用再为房租物业水电费太高而刻意节省，也不用在挑选任何物品时做退而求其次的选择，他们有条件享受更好的、没有顾虑的生活，这有什么不好？韩雨并不在意自己付出更多。只要是为了薛凌云，她什么都愿意做，哪怕自己多辛苦点。

以前在学校的时候，薛凌云一直都是学霸，年年获得一等奖学金。在韩雨眼里，薛凌云的才华横溢和幽默风度都让她十分欣赏，他自信却不自负，简直优秀得无人能及。

幸好，落下得不很远，还算在同一个世界，韩雨一直以为只要再努努力，还追得上。她太迷恋和他比翼齐飞的美好感受。为了跟上薛凌云的脚步，韩雨花费了不少精力，终于和薛凌云一样获得一等奖学金。看到他们的名字在一块时，她高兴得当众亲吻薛凌云的小酒窝。还有一次，韩雨把自己和薛凌云之间的事改编成一个校园纯爱故事，悄悄投给某杂志，发表时已是两个月后，她依然感到无比骄傲。

爱情有这样的魔力，能让人变得更加优秀。如今，韩雨终于在风雨之后见到了彩虹，她可以挺起胸膛，骄傲地跟人说，她和薛凌云本就是同一个世界的人，他们同样优秀。即便薛凌云跟韩雨说，爱情里只有爱与不爱，没有谁比谁更优秀，可她仍然执着地为不落在他身后而努力着，毫不松懈。

薛凌云还是不够了解韩雨，她那么努力为了什么？就是不想被他落下。多年来，薛凌云就像指引她的光，韩雨已经习惯了暗自追逐，较劲一样。

3

薛凌云和韩雨之间的矛盾激化到无可挽回的程度，是因为宋思安送了韩雨一款他亲自设计的首饰，灵感来自于韩雨的名字。那是一款独一无二的尾戒，上面有小小的雨滴状的镂空设计，看起来很有艺术气息，宋思安觉得这个尾戒和韩雨很配。经过几番推托，韩雨就像收下宋思安以往的广告合同一样收下了他的礼物。

韩雨认为自己做得并不过分，而是薛凌云太敏感，别人真心诚意赠送的礼物，怎好拒绝？

戒指怎么能随便送人随便收的？恋爱这么多年，薛凌云还不曾送过韩雨戒指呢。见说不通，薛凌云负气而走，第二天做了一个韩雨意想不到的决定。

韩雨路过编辑部时，看到薛凌云的办公桌空了，刚开始还以为他请假了，一打听才知道他向报社辞了职。吃惊万分的韩雨急急地给薛凌云打电话，对方却已关机了。

薛凌云想分手，决绝地分手。韩雨变了，她哪还是当初那个心地纯净的女孩子？现在的韩雨，世故、圆滑，又有几分社会气，他不喜欢。何况，薛凌云知道韩雨已经有了更好的选择，他不想挡她的路。薛凌云看得出来，宋思安对韩雨有意思。

薛凌云一走，宋思安就大张旗鼓地想要趁虚而入了。凭着多年的工作往来，凭着一直以来甚好的私交，宋思安有十足把握拿下韩雨，没想到韩雨把他送的礼物原物返回。一个尾戒，虽然价格不菲，但与薛凌云的感情相比，简直不值一提。

把戒指退还给宋思安，韩雨几番寻找薛凌云，可任她挽回的话说得再动情，也拉不回薛凌云的心。薛云凌并不是不理解韩雨，他还是那句话：爱情里只有爱与不爱，没有谁比谁更优秀。

也许，她真的在追逐的路上忘掉了初心。

韩雨的初心，是那个阳光甚好的清早，那个读着书的少年薛凌云，那个口中念念有词的薛凌云。这么些年，韩雨为了跟上薛凌云的脚步，付出那么多，在她觉得可以和他比翼齐飞的时候，他却先行告退了。韩雨从没想过要做比薛凌云更强的女人，只是不想落后他太多。

报社不少人都知道薛凌云和韩雨之间的事，如今这样分道扬镳互相怨怼的下场，一般人得出的结论是，男人需要女人的仰视，多于让他们去仰视女人。所以薛凌云辞职又分手是因为受不了比他更强势、更优秀的女人。这个说法看起来合情合理。

面对这样的结果，韩雨不知所措。失去了一直以来给她光亮的灯塔，她没有了方向。

薛凌云从此消失不见，没跟任何人联系，也不曾解释过一个字。以前薛凌云觉得韩雨懂他，可是，她渐渐忽视了平凡生活的美好，一味在世俗世界追名逐利，那么以后相伴的人生还有何乐趣可言？

这么想的时候，薛凌云照了照镜子，深深的酒窝还在那里，可说它醉人的那个女孩，却永远留在了他的回忆里。

最美的求婚从来和场地无关，
和气势无关，
和花多少钱更没有关系。
最重要的是，
和你一起相守的那个人，
真心爱你。
他愿意给你一个踏实的未来，
并有勇气克服生活中的困难，
不离不弃，直至头发花白。

鸟式求婚

1

潘阳每年7月都要去度假，自己一个人，行踪不详。

眼看又一个7月临近，蒋小爱正琢磨着怎么说服潘阳和她一起去瑞士的时候，她的求婚公司来了一个十分生猛的小女孩，肩上背着书包，是个就要考大学的高中生。她把一张银行卡放在蒋小爱的桌子上说："别人求婚我求爱，钱，不是问题。"

“各种套餐，各种感动，各种惊喜，任妞儿选择。”蒋小爱把定价单拿给女孩看，女孩小手一挥，当即定下浪漫的电影院求婚套系加价改编版。

女追男，被隆重表白的男人得有多幸福啊！蒋小爱把电影中间插播的个人视频往电脑里一放，不禁倒吸了一口冷气。屏幕中出现的不是别人，正是蒋小爱为之牵挂动心的男人——潘阳。

女孩清了清嗓子提出要求：“求爱现场要煽情、浪漫，台词对白要设计得唯美、深情、打动人，因为这是我要一辈子誓死追随的男人。”

蒋小爱偷眼打量了女孩几眼。她动作浮夸，言语单纯，虽然有点娇贵气，但看上去不免过于简单，应该不是潘阳的菜。

潘阳不喜欢稳定，不安于现状，不愿意被束缚，给不了女人需要的安全感。他甚至不愿意长期从事一份固定不变的工作，就像飞来飞去的鸟，哪里有食哪里去，人们管这叫“鸟式就业”。蒋小爱却评价说潘阳就是一鸟人，他的周围没一样东西是稳定的。除了，她和他之间，不可名状的暧昧。

可也不得不佩服，潘阳总是有很多门路、很多办法。比如蒋小爱的求婚公司遇到非要在喜欢的明星演唱会或各种赛场上向女友求婚的，不管多难，潘阳都能搞到门票。他总是善于解决各种疑难杂症。做这些之后，顺便，潘阳还会向求婚成功的男女推销房子。

于是，潘阳和蒋小爱成了名正言顺的朋友、知己和工作合伙人。

2

女孩前脚刚走，蒋小爱就把电话打给潘阳。

这么多年，潘阳跟着蒋小爱经历了不少求婚场面，自己亲身经历的第一次疑似求婚就要出现了，蒋小爱问他：“是不是感觉特兴奋？”

潘阳也没怎么觉得。那还是一个小女孩儿，当导游带游学团时认识的。当时在飞机上，潘阳恰巧就坐在小女孩身边，他只是在女孩子的日记本上用铅笔画了匹非常帅气的马，签个名，女孩子就对他迷恋得不行不行的。

潘阳回蒋小爱说：“00后的孩子伤不起，不定哪根筋搭不对了。”

蒋小爱笑着说："人家姑娘可说了要誓死追随的。"

潘阳说："小爱，别闹。"

怎么能说是闹呢，这话小爱不爱听。蒋小爱和那女孩年纪一般大时，她也说过爱一个人要爱到底。说到底就到底，现在不是一点都没变吗？

身边不断有人劝小爱，说潘阳就是个玩世不恭的公子哥，不定性，不值得女人依靠。可爱情这感觉是最不讲道理的，蒋小爱也说不清自己为什么对潘阳一往情深，甚至她都无法具体说出爱他哪一点，但只要有他在，她就能周身感受到阳光普照般的温暖。她的眼里再没有其他人。

蒋小爱就跟自己微信头像上的那朵太阳花似的，潘阳在哪个方向，她的眼就望向哪边。

潘阳发来一条消息说，一个男孩在网上隔空宣战求比试，还郑重其事地在约架网下了战书。男孩儿气愤潘阳抢了他的女人，口口声声说要用男人的方式抢回心爱的女人，也就那个高中女生。

潘阳截图给小爱，一边嘲笑着男孩子所谓的男人方式幼稚之极，一边点了同意应战键。潘阳在众多粉丝的围观下，和男孩儿用虚拟人物在网上平台对决。最终潘阳头破血流地倒下了，但他输得颇有姿态，因为他根本没想占有谁，他只是觉得好奇，外加点好玩而已。

高中女生没有受到潘阳被打败的影响，仍旧按计划约潘阳看电影，准备实施她的求爱宝典。潘阳越是拒绝和疏远，女孩子就越是火力全开，追求势头不减。

潘阳说：“现在小孩子的爱情咋都跟闹着玩似的呢？”

小爱忽地笑了。其实，潘阳也是个长不大的孩子。他们一起经历过最单纯的岁月，她比别人都了解他，并相信自己的直觉，未来的某一天，潘阳一定可以比任何男人都有担当。不是哪个女人都有耐心等待一个男人一点点地长大成熟，但小爱想试试。

蒋小爱趁机提出建议，向潘阳发出邀请：“去度假吧，跟我去瑞士。女孩子的热情来得快，退得也快，冷静一段时间自然就会好。”

天时地利人和，潘阳答应了。一周以后，上路，起飞。

3

蒋小爱在瑞士的项目是一对曾经留学瑞士的恋人，男方想要在留学签证即将到期之前，在他们共同生活过的异国，向他爱的女人求婚，以此为他们那段岁月画上完美的句点。

对瑞士的了解越多，蒋小爱就越想和潘阳一起走一走，看一看。

是教堂求婚好呢，还是浪漫的喷泉求婚好呢？为一对恋人寻找求婚地点的时候，蒋小爱在相距不远的伯尔尼大教堂和玫瑰园内的古老喷泉之间纠结好久。最后询问客户意见，把求婚场地定在圣洁而庄重的伯尔尼大教堂。走进教堂的那一刻，她忽然萌生出一个主意，如果求婚和婚礼一起操办起来，效果岂不更好？

这个想法真让人兴奋，不仅有意外的求婚，还有更让人惊喜的神父主持小型婚礼，美妙极了。

日期就定在教堂广场开放手工艺品市场的那一天。

男人先带着女朋友走进教堂广场，他们为男人准备了手工木雕的玫瑰花作为礼物。然后恋人手牵手走进伯尔尼大教堂，他们闭眼许愿，修女为他们唱起圣歌，歌声停止时，男人单膝跪地向女朋友求婚，只等女方点头，《婚礼进行曲》响起，神父登场，主持婚礼，大功告成。

蒋小爱都被自己一手打造的场景感动了。如果有人这样向她求婚，她也会感动得掉眼泪的。

潘阳貌似也有所动，他们做好婚礼所需的一切准备从教堂出来后，不由自主地把手牵到一起。走在石板路上，小爱给潘阳讲述她所了解的这座城市，关于人行的石板路下半米厚的石基，关于一个教堂持续建造一百五十多年的故事。

不浮躁，有耐心，一切都是为了打磨最好的建筑。这就是小爱不惜时间和精力，等一个完美男人蜕变的原因所在。她比任何人都渴望见到潘阳的变化和成长。

第二天，正式仪式走起，那对留学生恋人一步一步依照计划进行，简直完美得天衣无缝。当神父开始诵读大段的夫妻权利与义务时，小爱把头倚在潘阳的肩上，用很小的声音说："潘阳，我们也结婚吧。"

潘阳的身子僵硬，好像没听见。小爱走到潘阳对面又重复一遍刚刚说的话，只见潘阳瞪着眼睛说："小爱，这话你不该说出来。"

然后，他扔下小爱和还未进行完的仪式，自己走了。

潘阳走得很彻底，连告别都没有就自己回国了。小爱难过极了，她吓着他了。她的那些关于伯尔尼石板路和教堂建筑的铺垫还是不够完美，他还是没听懂她的心。

求婚，在现场

这次海外求婚策划得相当成功，公司的口碑又上了一个台阶，蒋小爱却一直情绪不高，因为潘阳的不辞而别。

她现在最怕熟人问起："小爱，你对一个男人的坚守和放纵到底有何意义？"小爱真的没办法给出答案。相对于爱与被爱，当然后者比较幸福，就连热情似火的高中女生都懂得知难而退的道理，她却执迷不悟。

眼见着公司业务越来越多，助理适时建议增加人手，招兵买马。

招聘广告发出不久，潘阳来了。他走进办公室的时候，没错，小爱还是自然而然的感到阳光普照。

小爱见到他心里窃喜，表面却装得风平浪静。她抬眼看了看他，又低下头看看资料，然后很严肃地跟他说："公司不招兼职。"

潘阳动情的表白开始了，他说他为了爱想安定下来，不要再做鸟人了。他还说："小爱，无论你有多喜欢对方，爱情里主动的一方必须是男人，求婚更不是女人该干的事儿。"

“所以呢？”小爱问。

潘阳说：“所以，我要负起一个男人应负的责任。”

不足十平方米的办公室，没有花，没有戒指，也没有音乐和烟火，只有一份设计未来的企划书。潘阳说：“公司将来可以围绕婚礼展开一切业务，比如婚礼包办，蜜月服务，婚礼蜜月跟拍，等等。”潘阳说，他愿意和小爱并肩作战，从事这个世界称得上最甜蜜的事业。

这个场景一点都不浪漫，也没有诗意，要都是这样的求婚，蒋小爱的求婚公司就得关门大吉。

但是，就是那么让人感动。小爱也终于知道，最美的求婚从来和场地无关，和气势无关，和花多少钱更没有关系。最重要的，是和你一起相守的那个人，真心爱你，他想给你一个踏实的未来，并有勇气克服生活中的困难，不离不弃，直至头发花白。

第二辑
不负好时光

爱了，恨了，笑了，哭了……
我那么爱你，
因为和你在一起的时候，
比一个人时更快乐，
爱就是这样一件让人快乐的事。

男人说：
如果没有她，
我不会是现在这个样子。
是她激发了我的狼性，
让我更像一个男人，
立于天地之间。

暖男快递，狼来了

有一种生物叫女神

泰和小区住着我的女神。

第一次见到她是个炎热的午后，我正在小区派件，汗流浃背地穿梭于A栋与B栋之间，就在两座高楼的夹缝中，据我目测身高一米六五的她，昂着高贵的头颅，带着香气从我眼前仙女一样飘过。然后，女神看了一眼我被汗水浸湿的狼头T恤，给我一个高清版的微笑。

这一笑，牢牢定格在我的视界里。女神不浓妆不艳抹，绝对三百六十度纯天然漂亮无添加，我顿感像沐浴到了春风。

人们都叫我风一样的男子，可我从此再也不想飞翔。泰和小区，每天的派件从这里开始，从这里结束。我一心一意地祈祷女神逛淘宝，才有机会登堂入室，见面搭讪。

和我一起做快递的东子对我极其不屑。他说："神仙般的美女是用来意淫的，万万不能奢望太多，因为迎娶白富美这等美事，怎么也落不到成天东奔西跑的快递小哥头上。"东子又说："爱情也要务实点儿，还是前台兼客服的小美更靠谱。"

说这话时我正和东子一起在公司里分货。我抬眼瞅了瞅小美，她的头发散落在额前，带着没有洗过的油光，远不如我的女神那么清爽又飘逸，根本不是一个气质类型。

东子说我野心勃勃，但是，绝不能妥协！

人就是这样，如果连自己都瞧不起自己，谁还能瞧得起你？快递小哥怎么了？我们拥有一份说走就走的工作，不仅出门有车开，间或还能享受奔跑的刺激感。截至目前，我的小微面行程表上已近十二万公里，妈妈不用担心我会迷路了。况且，送件这么多，什么样的女人我没见过？身为快递员，我骄傲，我自豪，我只为自己代言，所以，就她了，谁也不能替代。也正因为如此，泰和小区的每一扇门，我敲得都特别有感情。

一个周末，我开着我的微面奔驰进泰和小区，在 C 栋 12 层，机会悄然而至。

接件的是个女人，一个眉毛只有半截、脸色惨白的小眼睛女人。她见我就笑，还操着一口浓重的不知道什么地方的方言热切地说：“你这件 T 恤比前段时间那件好看得多呀！”

天啊！女神卸妆了居然是这样。我的三观瞬间毁成渣渣，只感觉眼前一片黑暗。想说的是，这个世界还能不能好了？请把我的女神还给我。

就在我悲伤得不能自已时，名叫王珍珍的收件人非要拆包验货以后再签收。

于是，拆包——试穿——她回头问我好不好看。

妹妹呀，哥不是心灵鸡汤，熬不出那么多动人的话。可客户是上帝，不能吝于高大上的赞美，哪怕它很虚伪。

那一天，王珍珍挺开心的样子。她说以后要把所有的件都转给我。

那一天，我每一分钟都过得很煎熬，垂头丧气，意志消沉，感觉整个人都不好了。

苦难是钙质，而且是钙中钙

东子看出我情绪不太对劲儿，他特意让前台的小美给我买了瓶冰饮料，还在下班后主动请我一醉方休找乐子。

其间电话响了几次，有两次是王珍珍打来的，她说有件要我送。

大晚上的送什么件啊，还让不让人休息了？

听着电话里王珍珍叽里呱啦的声音，她开门时的那张脸就出现在我眼前，洗脑了一样，我甚至都快忘了还曾把她当成女神。呸！我为自诩的火眼金睛感到羞愧无比。

东子却幸灾乐祸，念念不忘地说小美如何如何好。

“光好有个毛用啊？人跟人之间有气场存在，无感就是无感，强求不得。而且最重要的原因是，我妈妈个子矮，我全家个子都矮，只有我的个头儿基本达标，所以银河系就指望我来拯救啦，更换好基因，不能再矮了。”

我跟东子提了个要求，想跟他换片区。东子喜滋滋地一口答应，因为我的业务一直比他多。

接下来的一周，变故非常大。

小美辞职了，再没有人给我买冰水喝了。

东子和我一样意志消沉，增多的业务和工资也没让他的精神爽起来。

而王珍珍，阴魂不散地再次出现在我的生命中，她工作的地方就在我和东子更换后的片区内。二十八层高的大厦里，有一个拐角背阴的房间，被她租来做仓库。王珍珍是在网上卖衣服的。

我找东子时情绪有些激动。他明明知道有王珍珍这么个人，还答应跟我换，安的什么心啊？他要早说，我何至于碰得一鼻子灰？

可东子说："我哪知道这个王珍珍就是你说的那个王珍珍。"

"快停，别说了，别再提王珍珍，这三个字让我感觉针扎般的难受。"

东子没停，继续在我耳边絮絮叨叨。他说："蔡小伦，你是不是太挑剔了，王珍珍真没你说的那么不堪，挺好挺励志的一个姑娘。就像小美，也是不错的一个姑娘，贤惠。"

"我就纳闷了，姑娘们好，你就要着呗。"

那天，东子掀翻了大排档的桌子，说要跟我绝交。东子说："蔡小伦你记着，要不是小美说喜欢你，我何至于成天苦口婆心跟个事儿妈似的。"东子现在后悔死了，他跟小美说我嫌她矮，小美就一气之下就辞职了，搞得他现在见小美一面都不容易。

东子这娘炮，还学会搬弄是非了。我嫌小美矮，我自己不会说吗，偏得他传话，事儿妈一个。

原来东子喜欢小美，小美暗恋我，而我不知道该喜欢谁。

唉，多么痛的领悟。

当上 CEO，迎娶"白富美"

少壮不努力，老来干快递。现在我也想辞职，特别是看到王珍珍时。每次去她那里取件，我都要磨蹭到最后。

她还是那么热情，对我的冷淡视而不见，还总爱笑。她说："嘿，我又设计了几款狼头 T 恤，你要不要试试？"说完，她拿出好几件要我选，还要我帮她点评。

当我把一件件衣服展开时，彻底惊呆了。各式各样的手绘版狼头 T 恤，东子以前就跟我显摆过，而我仅有的那两件，是从东子那里抢来穿的。

冤有头，债有主，敢情衣服都是王珍珍设计画上去的，是她送给东子的。

我对王珍珍的画工赞不绝口。可别小看快递员，我怎么也是个有艺术欣赏水准的快递员，美术学院毕业的，不是吹的。

要问我为啥干快递，因为……做快递比做设计赚钱多，还不用处处听人使唤。

王珍珍笔下的狼，有野性，也有血性，眼睛里还带有一股子淡定的忠良范儿。

王珍珍说："狼其实是一种很忠诚的动物，它一生只有一个伴侣，如果对方死去，它会孤独终老。"

她说："我喜欢狼。"

我说："我也喜欢狼。"

那一天，夜幕低垂，我看王珍珍没那么难看了，听她的名字也不针扎般难受了。她说让我不要放弃画画，做事情要坚持。她讲起这么多年来没有放下画笔时，讲起大学毕业后艰难地开创事业时，讲起事业艰难又咬牙坚持时，脸蛋红扑扑的，眼睛湿湿的。

也许东子说得对，我太挑剔了，王珍珍还可以。

一来二去，我们恋爱了。因为王珍珍说，她看出我的身上有狼一般的野性。她说，她喜欢我。

王珍珍是在中秋月圆之夜向我表白的。当我们恋爱第一百天的时候，正好赶上圣诞节，王珍珍约我去开房。

那天，酒店的房价不打折，真贵啊，我忍痛订个大床房。

她沐浴更衣后，素颜出现在我的面前，我又一次愣在原地。

王珍珍冲我喊："蔡小伦，把你那吓愣的表情收起来，本姑娘顶着孩子是处女座的风险来和你开房，你还想怎么样？"

没错，我爱的是王珍珍这个人，确定以及肯定没错。

交往三个多月来，我的变化天翻地覆。从快递公司辞职了，还把东子叫上，一起承包一个快递点。小美还做我们的前台客服，她现在是东子的女朋友。东子不嫌她矮，但不许她跟我眉来眼去。

王珍珍的工作室就在快递站点最里面的房间，她在淘宝上继续卖她手绘的狼头T恤，生意挺兴旺，口碑也极好。我给她总结原因，主要是发货速度比一般人快。王珍珍不承认，她说生意好是她画得好。

每当她这么说时，我在心里是非常高兴并点头同意的。

可嘴上从来不对她大加赞美，就像我从来都不跟她讲出来，如果没有她，我不会是现在这个样子。是她激发了我的狼性，让我更像一个男人，立于天地之间。

谁说男人只爱骨感美？
也有对胖女人真诚的仰慕。

胖女孩也有春天

三十不嫁，天理不容

陈光伟今天穿了一件鹅黄色的小衬衫，要是一般男人穿这么艳丽的衣服肯定丑爆了，但是陈光伟不同。他在我心里，是偶像一般的存在。

我的目光越过人群望向格子间里的他，那眉眼间挡不住的英气逼人。我悄悄地站起来，装作要打电话的模样，偷拍一张他坐在电脑前的侧身照，发到和闺蜜们建的微信聊天群，配字“最佳男主”。

见我发图，姐妹们纷纷留言，有的笑话我想吃嫩草，有的调侃我艳福不浅。最后，她们联合起来语重心长地送我几句话：“三十不嫁，天理不容；有此好男，赶紧下手。”

下手？我倒是真想，但是，吾皇们，臣妾做不到啊，下不去手啊。

我，不算很大龄的剩女一枚，刚和一撮女性朋友疯狂地过完我的二十九岁生日。纵情安逸享乐的小日子，从不知孤独滋味，也未做过女强人之类的梦。所以，本姑娘心宽体胖，睡眠好好，皮肤好好。

爱情？姐妹帮里有闪婚闪离意犹未尽依旧寻找目标的，有因为男朋友忘了生日念念不忘难以介怀的，还有忍着内伤倔强闹冷战死不低头的……各式各样各种虐，我基本抚慰过每一个人的情感，看过她们每一个人哭。她们都说：“姚小然，为什么你总是那么快乐？”

其实我和别的姑娘没什么两样，追剧拜男神，爱综艺爱八卦，笑点特别低，有点神经大条。稍与众不同的是，即便哀怨的歌曲我也听不出悲伤的节奏，只适合轻快的歌路。没有人见过我不开心，她们都说我没心没肺没情窦。也是，要换成其他女孩，胖成我这样，早就活不下去了。

发陈光伟的素颜生活照，是想让姐妹们长长见识，我一不小心也算入了演艺圈，走上星途。

这事还得从上个月说起。有天周末，我帮我家楼下的乐器店把乐器送到一个小酒吧，顺便帮人调调音，结果被一个活跃在酒吧里的小剧团看中，他们邀请我出演他们新排的话剧。反正闲着也是闲着，我也就没拒绝。

那是一部发生于女王陛下和男爵之间的爱情剧，我的角色，就是永远地站在女主角身后给她摇扇子的小宫女，没有台词，没有多余动作，跟道具没什么两样。他们说只要我穿上戏服往那儿一站，就非常有喜感。

在那个小话剧社里，我意外地看到了同事陈光伟，非常帅气的男一号。他……他居然还会唱歌剧，额滴神！

有一种距离叫若即若离

第二幕起，高傲的女王陛下为了江山，为了万千子民想要放弃男爵的爱。虽然我只是个打酱油的小角色，但我的戏份绝不比女主少，有她的地方就有我站在后方。

陈光伟扮演的男爵绅士极了，剑眉星目，身材骨感。他和漂亮女主的对手戏特别多。好几次排练，每当他在剧情需要时深情地望向女王陛下，我的心都会漏跳几拍。那小眼神，有时我会误以为他在看我，简直摄人心魄。

他对我倒也不是特别照顾啦，只不过是在排练的间隙给大家买来一大包好吃的，给我的特别装在一个小袋子里，都是我的最爱。我问他："你怎么知道我爱吃这些？"陈光伟说我的垃圾筒永远是全公司里最五花八门的，别人装的废纸废料多一些，我的却是各种零食包装袋。

公司里，我和陈光伟隔了几张桌子。我们很默契地，谁都没跟任何一个同事提起工作以外的事，也没表现出更多的亲近。

这样若即若离的距离感特别棒。

顶头女上司提拔在即，江湖传言说，只要她一走出我们部门，就会一步登天。关于她职位的空缺，接班人极有可能在陈光伟和另一个男同事之间产生。

自从得到这个消息，就有了江湖传言的番外篇。据可靠消息说，有人看到女上司和陈光伟开着同一辆车一起下班。他们两人都有自己的车，为什么还要一起走？分明是陈光伟在巴结上司。

陈光伟巴结女上司的那天晚上，因为有事没去排练。我站在女主的身后，望不到他深情的眼神，就觉得整个排练场都空荡荡的，了无生趣，我手里的大扇子掉了好几回。

剧社有人开玩笑地把我掉扇子的模样拍了下来，我觉得好笑，把照片发到姐妹群。她们说，我这个角色之所以大浪淘沙地被选中，就是为了衬托女主角的美。

我就是甘当绿叶，怎么了？

可有生以来的第一次失眠就发生在这天，这说明我不甘心。

破天荒的，陈光伟隔天在公司趁午休时和我亲热地打招呼，还说晚上一起去排练场，把昨天落下的补回来。我没理他，他倒紧张起来，跟我解释说昨天只是女上司的车坏了，帮她修了修车。我又没说什么，你心虚什么呀。

陈光伟当时说了一句把我把雷得不会动了的话。他说："姚小然，你今天连瞅都没瞅过我，肯定生气了。"

脸红心跳有没有？害羞得连头都抬不起来有没有？

姐姐妹妹一声吼，该收手时就收手

"陈光伟喜欢我？"

“陈光伟不喜欢我？”

“陈光伟喜不喜欢我？”

我把这难缠的问题丢到微信群里，一石激起千层浪。在一阵热烈的讨论之后，姐妹们一致认为，陈光伟主动迎合喜欢我这事儿，太逆天了，严重不符合逻辑。按理说，像陈光伟这般有模有样要啥有啥的年轻小伙儿，应该是在我的猛烈攻击之下，才会屈打成招勉强就范。

他年龄比我小，相貌比我好，能力比我强，一个一个列下来，我们是完全不般配的两个人。分析来分析去，原因只有一个——我，被利用了。

陈光伟不是正在工作上升期吗？这个时候他需要的是什么？人脉！

我姚小然在公司多年，从来与世无争，别的不好，但人缘特好，姐妹们说，陈光伟看上的就是我这点。他是想借着我的这点优势扩展他的势力范围。

等利用完我的情感，他的目的达到，还能双手一摊，立马和我撇清关系，倒打一耙说是我姚小然积极主动的。

狼子野心啊！姐妹们态度大逆转，纷纷劝我趁早收手！

到底是下手呢，还是收手呢？我的手就这样平白无故地停在半空。

早上，我的办公桌上放着一盒早餐奶，我瞧了一圈，陈光伟正巧在看我，冲我举举他手中和我相同的早餐奶，笑眯眯地做个碰杯的姿势。中午去食堂，人很多，他特意占了一张桌子，然后招呼我和同事过去坐。

他已经开始按着计划行动了，我有点小失落，真不希望陈光伟是姐妹们说的那种人。

晚上排练的时候，陈光伟拎着一大包零食问我："姚小然，你怎么一天到晚都闷闷不乐的？"

我跟他说："我要减肥，以后不想吃些没用的东西，连食堂都不去了。"

陈光伟敲着我的脑门说我是摇扇子摇傻了。

才没傻呢。我考虑好久，终于做了个决定，尽我所能不求回报地帮助陈光伟，遂了他的心愿，在同事之间口口相传他的好。

每当有人谈论关于下一任部门主管的事儿时，我就夸赞陈光伟人好能力强，且言之凿凿接班人非他莫属。

美丽的意外，我是最佳女主角

话剧演出就在小酒吧，意料之中的成功。最后一幕，男爵将他的吻轻轻地落在女王陛下的嘴唇上，我就站在他们旁边摇扇子，还不自觉地舔舔自己干涩的嘴唇。这是我姐妹后来告诉我的，她们在台下都看到了。

看节目的姐妹都问我："姚小然，你特想当女主吧？"

其实，除最后一幕我特别想体验一把，其余还是摇扇子比较轻松。

姐妹们笑我异想天开，欲望不死。

对陈光伟的欲望早死了，我自卑，我配不上他。

就连女上司离职前请同事们一起去 KTV，我都躲着陈光伟远远的。谣言就是在那天不攻自破的，女上司哪是什么一步登天呀，人回家结婚生子过幸福日子去了。

一群人围在一起玩骰子的空当，我点了一首悲伤的歌，终于，我唱出了悲伤的节奏。陈光伟不知道什么时候坐到我身边，用很认真的表情听我唱歌，还用崇拜的小眼神看我，他很诚心地邀请我和他一起参加小酒吧的狂欢夜。

那是小酒吧年内最热闹的一天，由越野车商赞助的一个“大码美女之夜”活动吸引了不少人。谁说男人只爱骨感美？也有对胖女人真诚的仰慕。其间，我在剧社人的簇拥下唱了一首高音域的民谣，全场 High 翻。

走下台来，陈光伟向我表白了。他说，他一点儿都不反感女人身材丰满，相反，他还很喜欢。他说，他看过我在乐器店拿吉他唱歌，特帅，他期待着有一天，我弹着吉他，他轻声地和。

说起音乐来，我俩特有共同语言，多年来在我家楼下乐器店偷学的那点东西还挺管用。可是，我答不答应他呢？

不管女人碰到多喜欢的男人，也应该矜持点，所以我告诉他，我得考虑考虑。

随后，没多久，我们部门的新官上任，不是陈光伟。这真让人感到意外。

我在下班后问他原因，他却质问我说：“姚小然，你哪只眼睛看到我想当主管了？”

陈光伟拒绝了这次升职机会，因为主管必须接受二十四小时随叫随到随时加班，可他不想放弃他热爱的东西，比如小剧团的活动，比如音乐节演唱会什么的。

陈光伟两眼放光地说：“姚小然，剧社的下一个剧目已经开始策划了，我正式邀请你加入我们的队伍，你愿意吗？”

还没等我回答，陈光伟用手指刮了刮我的圆鼻头，说：“姚小然，我要让你当主角，名字就叫‘胖女孩也有春天’。”

咦？为我量身打造哦，我就这么莫名其妙地当了女一号。可是，等等，陈光伟，凡事都得讲求个规矩，你是不是，得先把我潜规则了再说呢？

说完，我带着一身的肉肉，颤巍巍地扑向陈光伟。

原来，他是个和我一样不求上进的小青年。

但是，我们很容易满足，很快乐。

没有比较，就没有伤害。

“白富美”的悲伤逆袭

1

星期日，我每周唯一的休息日，被大琳子约在国贸商都门前，大老远就见她一身雪白扭着屁股向我走来。见到我，大琳子指着脸上一个新冒头的痘痘说，她连着几天天不亮就醒，眼睛一睁开就能想到程南的大饼子脸。

程南，一枚小小的银行业务员，我没出息的同居男友宋宋的同事兼邻居。大琳子说她的爱情来了，但想到程南的冷漠和拒绝，她忧郁了，忧郁到起痘痘。

忧郁？成天为生计奔波的人准没工夫忧郁，比如我和我家宋宋，每周被老板压榨到星期六，成天挤公交车，还房贷，回家吃完就睡，连生龙活虎的床上运动都成了规定时间内的规定动作。就这，他还怪我的伙食标准太低，嫌我控制他的吸烟量。而且言之凿凿，说资本的积累不是节约，而是多赚。

陪大琳子逛街算是多赚吧，她每次都不会亏待我。她说，顺便帮她捎个礼物给程南。不年不节的，送礼作甚？真是闲的。但此时，我心里想啥没有说出来。

大琳子说，看我年纪轻轻就能自己赚钱特带劲儿。可心底里，我特别羡慕她，悠闲自在就有大把的钞票。和大琳子在一起，她总是很慷慨。而且，她付钱的姿势从来不输于男孩子，既豪爽大方，又不失优雅。

晚上去找程南，把和我一个月薪水等价的新衣给他。程南给我的回话是："人一有钱怎么就这样，觉得整个世界都是她的，不要！"

"人家大琳子不是喜欢你吗？"我小声地叨咕着。

程南说："这绝对不是爱情，是挥霍，等同于玩弄。"

我把衣服往他怀里一扔就跑了，任务完成，要还自己去吧。

2

隔天一大早，大琳子打来电话：“程南收到礼物了吗？他看上去开不开心？有没有问起过我？”都是关于程南的各种疑问。

“你何苦呢？又不是不知道程南电话号码，亲自问多好。”

大琳子说，程南跟她说的话句句都带着冰碴儿。

骄纵、任性、飞扬跋扈、听风就是雨、得理不饶人，这是程南对大琳子这类女孩儿的全部印象。他说：“找对象坚决不找富家女。”他喜欢宜家型的，能和他同甘共苦的那种。

我和我家宋宋苦口婆心地规劝程南改邪归正：“试着交往交往也不错，有钱又漂亮的大琳子，打着灯笼都难找。”

程南说：“我宁可单身一辈子，也不愿意受那气。”

宋宋听了这话，时不时地瞧瞧我，然后对着程南小声说：“你以为没钱的女孩就好伺候？一样有发不完的小脾气。”

我不屑。对于男人的爱，有钱和没钱的女人要求都一样，贪婪而自私，偏执而狭隘。

我毫不保留地把程南的择偶观说给大琳子，不行赶紧撤，像程南这样的男人，满街都是，一抓一大把。她却说：“喜欢的就是他讲原则、踏实忠诚和不爱慕虚荣。”而且，大琳子有点坏笑地说：“没看见吗，他的鼻子特坚挺。”

大琳子果然生猛，选男人的眼光与众不同。她说：“收服男人，色字当头，先来个色诱。”

于是，大琳子在去程南那里给她老爸咨询贷款的事时顺理成章地崴脚了。把那双名牌鞋的鞋跟弄断可是费了不少的事。那天，大琳子穿得好少，她软软的身子像黏在程南身上似的。她被疼痛折磨出来的叫声在我听来婉转而又缠绵。

3

大琳子的脚是真伤了，这我没想到。而且，一伤几个月，程南那座城还是没攻下。

大琳子越挫越勇。她说：“禁得起诱惑的男人才是好男人。”

伤好后，她最大的变化是——她开始买打折的衣服了。

以前我买这种打折衣服时她总撇着嘴说我没品位，气人的是，站在我面前的大琳子竟然把打折货穿出名牌的感觉来。我真是羡慕嫉妒恨，老天待人不公。

所以，我特别想在大琳子撅着屁股给程南擦地时从后面给她一脚。高贵的身子，贱命一条。

看在地上都是擦不干净的水印子的分儿上，我忍了。自讨苦吃别人拦都拦不住，是她让我要来程南家的钥匙，又是擦地，又是洗衣服，就差抹抹十二楼的窗户，硬装出祖宗十八代的贤良淑德范儿。

我提醒大琳子：“谈恋爱，头三脚最重要了，和男人交往不能一开始就这样，打啥底是啥底，以后还咋管理？”

说服教育不管用，大琳子催我赶紧去上班。她说：“晚上下班有惊喜。”

惊喜就是——大琳子像个小媳妇似的准备了四个人的晚餐，大琳子期待得到我们肯定的眼神也一点儿都不意外。如果我是男人，我也感动了呀！可是，程南，他，太不像话了。不仅不为所动，还自始至终对大琳子摆着一张冷脸，那种礼貌的东西叫距离。

此时，我觉得大琳子特可怜。但她表现得特快乐。我觉得大琳子有精神受虐倾向。

程南终还算个有风度的男人，是他送大琳子下的楼。大琳子到家的时候，给我打来电话，我很怕她情绪低落，可她大大咧咧地说：“太可惜了，就只送到楼下，早知道就不开车了，让程南一直送我到家多好呀！”

那天我和宋宋发生有史以来最激烈的一次争吵，他说我不主动，不风情，还不如大琳子对程南的一半好。这句话引发我极大的愤怒：“相中人家有钱，相中人家漂亮，相中人家温柔贤惠，当初找我干吗呀？再说了，姓宋的，人家一高贵千金能看上你这样的吗？”然后，我负气而走。宋宋的喊声还在身后：“我这样怎么了？就你好，蛮横自私又小气；就你好，哪哪都好……”

4

没有比较，就没有伤害。

我连夜奔袭大琳子家。就她爱臭显，才把我搞得这么狼狈不堪，为了爱情，至于把自己放得那么低吗？我虽然经济上不富裕，但绝对在精神上保持着一身傲骨，简直可以用不屈不挠来形容，和宋宋在一起这么长时间，我从来没向他低过头。我奉劝大琳子，一个和宋宋一样的信贷员，再发展也成不了大气候。

大琳子说：“程南有潜质，绝对的潜力股。”

程南家里有个小他五岁的妹妹，他待她好得不得了，供妹妹上学，给妹妹买衣。要不是这个拖油瓶，程南那么精明的小伙儿能到现在还单着吗？别的姑娘躲还来不及呢，也只有大琳子拿这个当优点，她管这叫男人的责任感。

只有钓不到金龟的女人才会迫不得已地挖掘潜力股。大琳子要啥有啥，分明可以站得更高望得更远，却来和我等芸芸众生一拼高下，我真想不开。

大琳子说，她第一次遇见程南，他主动为她倒水的身姿有型又有款，她为那个动作沉迷至今。大琳子说，要是一般男人见到个有钱女人早就前仆后继了，可程南适可而止，他意志多坚强呀。

坚强？我特别想知道大琳子崴脚那天程南是怎么抗住诱惑坚强到底的。

一提到这儿，大琳子的脸唰地就红了。她故意清了清嗓子，说：“男人的责任感比什么都重要。”而她的程南比那些一有钱就觉得整个世界都是他的公子哥强了不知多少倍。

等等，这话我好像在哪里听过，程南就这么说过大琳子。

程南最讨厌女人的那几点，我除了太有钱、不能和男人同甘共苦这两条，其余基本都可以对号入座——骄纵、任性、飞扬跋扈、听风就是雨、得理不饶人。

这么一想，宋宋能忍受我这么久，还真挺不容易的。

跟大琳子比起来，我真的差好多。也许，这才是我们友情万岁的根源。女人的感情很难琢磨的。

大琳子送我打道回府，一路上，我心情好了不少。可进门一看，屋里一片狼藉，宋宋和程南喝得酩酊大醉，不省人事。

这可把大琳子乐坏了。她狡黠地从兜里掏出一把新配的钥匙，程南家的，她是想……

我婆婆妈妈地叮嘱大琳子，万一程大公子清醒后不认账，那你可亏大了。

大琳子没说啥，留给我一个义无反顾的背影。

我没收拾屋子，直接把宋宋拉到床上。

5

早晨起来的时候，宋宋温柔地拧着我的鼻子问：“好了？不生气了？”

“还气什么呀？老夫老妻的。那个，告诉你个事呀，大琳子和程南正在楼下双宿双飞呢。”

宋宋听完特别镇定。他说：“程南屈打成招是早晚的事儿。”

原来，程南不是没有动过心，有些男人在爱的时候更愿意给予女人幸福，而不是索取。对于大琳子，他不是不想爱，只是不敢爱，都是可怜的自尊心在作祟。

我们下楼直奔程南家而去，一边敲门一边听门里面的动静。

少许，门开了，程南的发型乱极了，根本不像大琳子说的有型有款。

我和宋宋眼睛直往屋里瞄。我们看见大琳子立在程南身后，温顺得像一只澳大利亚的小母绵羊。

看来，程南还是比较喜欢主场作战，大琳子得偿所愿了，这回她不会一睁眼睛就悲伤了，多好！

可是，我马上意识到一种危机，好男人太抢手，各路神仙妖孽众多。于是，我拽我家小宋宋胳膊的手，更紧了。

大琳子这场追逐，让我学会了，珍惜。

时间教会他们的，不是淡忘，是珍惜。

拯救爱情的意外

1

那是天空蓝得透彻，太阳照到地面火辣辣的下午，沫沫将头发高高束起，扎上马尾辫，穿上搁置许久的校服，校服从上到下都紧绷绷的，沫沫就更觉得热。在校门口的小超市买支冰棒的工夫，就看见同样穿着校服，背着墨蓝色书包的丁远向她走来。沫沫忽然有种跨越时空的错觉，好像真的回到了从前。

沫沫和丁远约好了，重演一起上学、放学的时光。那时的他们，好得不得了，却连手都不敢碰。同学之间也有谈恋爱的，可他们不行，刚露出一点苗头，就被老师和家长盯上了。丁远的家长到学校找老师，怕谈恋爱影响儿子的学习和前程，让老师严格监督；沫沫的妈管得也很严，天天接送，一天不落。

隔着五年的光阴，丁远带着沫沫，做了当年不敢做的事。他不再顾忌别人的目光，把手搭在沫沫的肩头，耀武扬威般走过校园的林荫小路，找一处空地，倚树而坐，头挨着头，戴同一副耳机，放的不再是英语听力，而是怀旧的老歌。直到太阳落成红色，沫沫和丁远一起去了校北的小吃店，店内重新装修过，但名字没有变，他们两个人点了一大碗面加一大杯可乐，一人一口吃了半个多小时。

然后，他们一起看《那些年，我们一起追的女孩》，一起看《初恋这件小事》，其间哭了几次，笑了几回，仿佛电影里演的都是自己。那滋味，忍不住地荡气回肠。

时间教会他们的，不是淡忘，是珍惜。

那时，沫沫和丁远同班，高中毕业后，沫沫念了本市的一所大学，丁远去了国外读书，他们在分别时就约定要有这样的一天。丁远结束学业后，没有在国外多做逗留，就马不停蹄地回国来到沫沫所在的城市。

丁远把和沫沫重回校园的照片和以前的照片全部分享到同学圈，让认识他们的同学猜哪个是现在，哪个是过去。

看到沫沫和丁远兜兜转转多年后还能玩到一起，同学们无不羡慕纷纷。有的同学直接起哄，吵闹着说要他们在一起。丁远 PS 的手持沫沫照片单膝跪地的求爱视频随即在同学圈出现，他字字用力，十分虔诚地要沫沫答应与他在一起。同学们一遍遍喊着“在一起，在一起……”

丁远借势将气氛推得更高。他分享了《明天我要嫁给你》这首歌。他说：“即便住在同一个城市，也觉得遥远，就想天天见沫沫。”

这是求婚吗？沫沫还不曾想过结婚的事。她面红耳赤，慌了阵脚，不知如何回复。

沫沫的妈妈看到她在屋子里团团转，以送水果之名到房间和沫沫聊天表示关心。丁远的电话打了进来，他问沫沫：“为什么突然没有动静了？”他特别心急，又接着问沫沫：“你到底怎么想的，是不是生气了？”

看到妈妈就在身旁，沫沫支支吾吾切断电话。就看妈妈的脸瞬间发生变化，带着几分谄媚的表情，说了几句女孩子谈恋爱是天经地义的宽慰话，接着是连珠炮式的问话：“是哪个小伙子，今年多大，家住哪里，做什么工作……”

沫沫愣在原地，不知今昔是何年，排山倒海的问题让她有些喘不过气来。

2

丁远想进入沫沫的生活，越快越好，把分离几年的时间追回来。他隔着城南城北的距离准时接沫沫下班，他们的背影里，沫沫的马尾辫一甩一甩雀跃得像个小兔子，丁远的白色衬衫被汗水打湿了大片。

就这汗湿的衬衫，成了沫沫同学、同事兼密友燕子的谈资。

燕子和沫沫是大学同学，毕业后在同一家公司工作。燕子真枪实弹的恋爱从大二那年就开始了，她纵横情场多年，用她的眼光看丁远，典型的三无产品，无房、无钱、无车男。

也是，有车能跑得满身是汗吗？可即便是这样，沫沫也认定丁远是只潜力股，她了解他。

一听沫沫这么说，燕子可来劲儿了。“有那时间和精力等待潜力股升值爆发，为什么不直接找只绩优股，干些前人栽树后人乘凉的事儿，多傻。”

“丁远对我是真心实意的好！”

“男人的耐心有限，对女人好也只是一时一刻的热情，皆因他有所图。一旦结了婚，生活在一起就完全不是那么回事了。选男人，可不能单凭他对你好。”燕子的爱情大道理说得头头是道。

还有，燕子嫌丁远身材不够修长，长得不够帅，根本配不上沫沫。在她看来，男人变心或早或晚，终会有那么一天，为什么要委屈自己，不找个赏心悦目的？

沫沫倒没觉得有什么委屈，可燕子说的话让她翻来覆去想了好几天。自打那次以后，沫沫没再让丁远下班来接她。

丁远对于沫沫的家人来说，是个谜一样的男子。通电话的时候，妈妈隔着门听得仔细，看那样子，比接电话的当事人还心急。每次丁远和沫沫约会接送她时，妈妈都会隔着十六楼的窗户张望许久。

与其这样，还不如正大光明地让他们见一面。

一个周末，沫沫带丁远回了家。

初次登门，丁远大包小包买了不少礼物欲讨沫沫家人欢心。沫沫的妈妈笑呵呵地接人待物，照样的事事询问。可丁远一走，妈妈就发表了自己的看法。“嗯，小伙子看着不错，挺机灵，还有上进心，难能可贵。但是，以后准会万事以事业为重，说不准哪天就会把你一脚蹬开。”

这是沫沫认准的爱情，她的心可不是随便能为谁而动的。她就不明白了，谈个恋爱而已，怎么就这么不被看好？

沫沫垂头丧气，但见丁远时，还是一副斗志昂扬的小模样。

为了离沫沫更近，丁远租了一套一室一厅的小居室，从城南搬到城北。这下好了，怎么跑都不会浸湿他的白衬衫了。把房子的钥匙交到沫沫手里时，丁远有种说不出的自豪感，就像他们的新生活马上就要开始了似的。

沫沫像小媳妇一样忙东忙西，仔细地帮丁远添置新物件。桃心图案的窗帘、床单和被罩，情侣拖鞋，情侣的马克水杯……沫沫把丁远的房间打扫得既干净又整洁。他们坐在沙发上一起看电视时，仿佛能预见到他们年老时白发苍苍的岁月。

3

沫沫和丁远爸妈的第一次见面，是在丁远租的房子里。

那天沫沫下班后从超市买了新鲜的果菜，打算给丁远做她新学的东坡肉。可打开门，就见丁远的爸妈疾言厉色地要丁远搬回去住。

沫沫成了丁远爸妈口中的红颜祸水。要不是她，丁远哪会没什么成就就匆匆回国；要不是她，丁远会有大好的前程在国外。沫沫无意之中成了羁绊丁远未来的女人。

这些话，丁远从未对沫沫提过一个字。

丁远看到沫沫拎着菜愣在门口，二话不说，扔下父母，拖起沫沫的手，跑了出去，一气跑到他们的学校。

在校北的小吃店，他们要了一大碗面，一大杯可乐，沫沫一口也吃不进。她从见到丁远那一刻起就一句话也没说。可一开口，沫沫就向丁远提出分手。不被祝福的爱情还有什么幸福可言，她不想成为丁远的绊脚石。

沫沫没顾丁远的挽留，一个人独自回家了。

她把所有和丁远有关的东西都整理出来：上学时传过的

字条，一起画的画，毕业留言上丁远深情的赠言……沫沫一股脑将它们放进储物箱，只有一把丁远租的房子的钥匙，她要趁空给他送回去。

沫沫请了假，想趁着丁远不在家的时间把钥匙放在茶几上，然后留张字条就走人。可她打开门，门口有丁远常穿的鞋子，卧室里暗暗的，窗帘没有拉，丁远躺在床上沉沉地睡着。

是把钥匙留下就走，还是跟丁远打个招呼再走？沫沫考虑好一会儿，走向床边推丁远起床。可推了好几下，丁远一点都没有反应，仍旧睡着，沫沫再一看，床头柜上放着一个空药瓶。

沫沫一边流着眼泪一边抓起手机打了120。

丁远要自杀！

医院里，丁远打了促醒针已经醒来，但是怕留下后遗症，又是洗胃，又是输液，折腾到下午，沫沫的眼泪都快哭干了。“你怎么那么傻，多亏我来送钥匙看到你，要不然怎么还能见得到。”沫沫没再说下去，抹着眼泪哭倒在丁远的怀里。

丁远有气无力地说：“不是，沫沫，别哭，不是你想的那样。”丁远说他为了第二天的案子熬夜，可后来睡不着，只是多吃了两片安眠药。他还没爱够，怎么会想死?

燕子和妈妈都跑来医院，看到丁远和沫沫哭得昏天暗地抱在一起，全都点了头。

燕子说：“有情有义的男人多难得，在视死如归的爱情面前，房子、车子、票子，包括外表，一切都是浮云。”

妈妈说：“失个恋就要死要活的，不会有啥大出息，将来肯定是个顾家的男人，好管！女儿找个这样的男人，放心！”

丁远的父母也大老远赶过来。他们一致表态：“为了这姑娘，儿子连命都不要，我们还拦着做什么？”

可丁远真是只是睡不着觉多吃了两片安眠药。看到这样的结局，躺在病床上的丁远笑了，一场疑似自杀未遂的意外拯救了他的爱情。这药吃的，值啊！

我走过了太多肮脏和泥泞，
想给你一片树荫，
想拼尽全力，
让你告别这个世界上的
一切苦难和艰涩。

黑山老妖爱上我

1

曾经，我对一种说话声音和腔调的迷恋，来自于一个叫苗小艾的姑娘。

那是半年前某个天无任何异象的日子，我提着我的中枢神经烧坏的汽车导航仪来到电子商城。彼时的电子商城里，人迹寥寥，苗小艾正在一堆冰冷的仪器堆里酣然睡觉。我定睛一看，苗小艾别致的造型，超越了我见过的最疯狂的造型艺术，一秒钟就把我的审美体系搞崩溃了。她的五官像刚爆炸的宇宙，眉若银河，眼似星辰，那张打呼噜的嘴，像可怕的黑洞，加上浑然一身黑衣，让我错觉有生之年终于赶上宇宙大爆炸了。于是，我想到了星爷电影里的黑山老妖，那个蠢萌蠢萌到处吸壮年男子阳气，最后被唐三藏一颗土雷炸冒烟的家伙。不由得，我的笑神经全线开火，最终用“哈哈哈哈哈”的方式，唤醒了沉睡中的苗小艾。

见到柜台前的我，苗小艾秒变画风。她整理一下头发，指了指我手里拿的导航仪说：“坏了吧，是要修呢，还是要换个新的？”

我茫然地说：“你看着办吧，这里你说了算。”苗小艾一把抢过我手里的导航仪，甩一甩头发说：“行，我帮你搞定。”她眼神凌厉，看上去很爷们儿。我一时之间不知说什么好，我想我当时的表情一定被苗小艾误以为我是被她惊艳得回不过神了。

半晌过后，我摊了摊手：“这就完了？”她说：“要不然呢，还要陪我聊天送我下班啊？”我说：“不需要开个条，交个押金啥的？”她说：“我苗小艾的名字就是条儿，回你的吧！”

我刚转身想走，可是又忍不住回过头来：“我说……”苗小艾似乎觉得我要质疑她的专业性，于是眼神肯定地说："回你的吧！"我说："你说话声音真好听。"苗小艾说："去你的吧！"我说："要是每天能听到你说话就好了。"苗小艾丢给我一张名片说："滚你的吧！"

手里拿着苗小艾给的名片，欲走又抬不起脚。我承认，我几乎被她的声音催眠，进而被篡改了审美取向，觉得苗小艾挺耐看的。

2

自打跟苗小艾相识之后，我的舌头就一直在超负荷地工作着，同时耳肌对环绕立体声的捕捉更加敏感，脑海里的苗小艾一天天地美好起来。人就是这么奇怪的动物，你对这个世界一切人和物的评价，不知道是眼睛说了算，还是心说了算。反正在我这里，成了耳朵说了算。

没日没夜跟苗小艾微信电话瞎聊天的这几天，我已经确定苗小艾绝对是那种万中挑一的好姑娘。

我说："哎，你那么黑，我怎么还停不下来跟你套近乎呢？"苗小艾说："你小时候家穷命苦，总捡煤球，落下的病。"

我和苗小艾的关系，就这么在无线电波里升温了。半个月后，当苗小艾说导航仪修好了的时候，我们顺理成章地约了一起吃饭。

那晚在餐厅的水晶大灯下，苗小艾脸色绯红，和我初见时简直判若两人。

几杯酒后，我问苗小艾："你怎么会混在电子商城里卖导航仪呢？"苗小艾还清醒，说："管夷吾举于士，孙叔敖举于海，苗小艾举于市，你小子不懂。"

又几杯酒后，我问苗小艾："你怎么修个导航修了半个月？"苗小艾微醺着，说："一旦你动了心动了情，日子总会过得很慢。"

饭店快打烊了，酒瓶倒得七纵八横。我问苗小艾："你怎么不找个男票呢？"苗小艾已经醉了，头埋下去，不停地哼一首歌。

我走过去扶起苗小艾，往我的屌丝级熊猫车里走，不想苗小艾刚醉眼迷离地坐进车里，就用一招仙人敬酒锁喉扣拿住我的脖子，妥妥地把我给吻住了。我礼节性地挣扎了一下，暂时放下考究苗小艾醉拳的渊源，报仇一样又回吻过去。然而令人尴尬的是，几分钟后，苗小艾推开我，哇一口，吐了我一身。

我一边往外挣，一边说了一句“好恶心”。

苗小艾的脸瞬间变色，瞪了我一眼：“你说啥？”然后晃晃悠悠地打开车门。等我回过神来想去追，却看见她早已钻进了的士，消失在城市的夜色中。

我无数次拨打苗小艾的电话，终于听到了她的声音。苗小艾显然还醉着，她说：“你刚才非礼了我是不是？”我说：“嗯。”她说：“你刚才是不是舌吻我来着？”我说：“嗯。”她说：“你是不是说我恶心？”我没说话，苗小艾说：“那你滚吧！”就挂断了电话。

我的心不是个滋味，我知道苗小艾从“滚你的吧”到“那你滚吧”这意味着什么。我可能伤害了苗小艾，但我不知道该如何补救。

那天晚上，我在酒精麻醉下睡去。半夜梦见我孤独地站在城市的中央，四周的建筑一座座倒塌，最后变成一片沙漠。苗小艾站在夕阳下的沙丘上，逆着光，把对我的告白一字字地吐进了黑暗里：我走过了太多肮脏和泥泞，想给你一片树荫，你却不领我情；我想拼尽全力，让你告别这个世界上的一切苦难和艰涩，你却这么嫌弃我。你太让我失望了！

3

宿醉梦醒后，我第一时间去找苗小艾，她工作的地方，她生活的地方，可是一无所获。我意识到我可能失去了苗小艾。一想到这辈子再也不能听到苗小艾的环绕立体声了，我就心生惶然。

这段时间苗小爱用另一种方式温暖了我。我知道，我不是缺人疼才对苗小艾区别对待，她的身上确实有股吸引我的东西，但具体是啥，我又说不清楚。我不能让她消失在梦中的沙漠，我要找回她。有一件事情，我必须让她知道，那就是她一点也不恶心。

可是这个世界这么大，就算苗小艾目标再大辨识度再高，对我来说也是大海捞针。

看到被苗小艾修好的导航仪，我心伤感，动作缓慢地把它装在我的小熊猫上。车一启动，导航仪突然传来苗小艾的声音：“你好，从今天起，就有黑妹为你导航。用得爽，你就爽着；用得烦，你就忍着。”我霎时精神一振，突然想到，在跟苗小艾煲电话粥的日子里，她好像跟我提到过最向往的是在某个僻静的小镇，做自己喜欢的事情。这句话像救命稻草一般点燃了我，没错，我要去寻找苗小艾。

听着苗小艾的声音透过导航仪一路磨叨，我的心里安慰多了，我觉得苗小艾不会消失在我的世界里，至少有她的声音一路伴着我。原来苗小艾花了半个月的时间，为我私人定制了一个导航仪，我觉得她应该去做电台播音，给导航仪配音实在可惜了。

这一路我想了很多，可能是因为外貌和肤色，苗小艾的内心里，一直藏着自卑。所以她听到我说恶心，反应过激了，一定是这样！对不起，苗小艾，你可能不如别人一身媚骨，但你谜一样的声音和才华，深邃到足够一个平凡之辈探索一生了。从苗小艾最喜欢的歌里，我能听出她对这个世界的不屑。车窗外，红花、绿树、苍山、蓝水，还有凄凄的雨飘过，我要和苗小艾合力鄙视这个肤浅的世界。

雨刷一下一下，擦清了我和苗小艾相处不到一个月所有的细节：苗小艾说过，我虽然黑了点，但耐看啊！我虽然胖了点，但这说明我做得一手好吃的。再说了，我要是真瘦下来，那可是一道黑色的闪电！苗小艾还说过，如果我有一天在这个世界上消失了，我希望我爱的人打开我设置的暗门，找到我，我们在另一个世界白头偕老，面朝大海，笑到花开。

脑海里苗小艾的话语，像说给我一个人的情话。

终于到了苗小艾说的那座面朝大海的小城，我在人群里看着每一个姑娘的相貌和身形，希望苗小艾突然出现在我的眼前，但是连小熊猫都知道，我是在痴人说梦。可我还是走遍小城的每一条大街，每一个景点，我喊着苗小艾的名字，每隔一刻钟就在微信上给苗小艾留一次言。就在我绝望到无助地给苗小艾发微信时，忽然抬头看到了车前的人影，躲避不及，车头一拐，便动作变形地掉进阴沟里。我眼前一黑，像是看到一条黑色的闪电。迷迷糊糊之中，我听到导航仪里的声音说："谢谢你来到我的小镇，如果你从千里之外循着我的声音找到这里，说明你爱我。许多年前，我在这里像旧伞一样被人抛弃，许多年后我要像杜鹃花一样盛放。如果你喜欢我简单的世界，就跟我一起亲手搭建这个世界里的日月星辰，小屋和木床，你愿意吗？"

当我说完"我愿意"，便什么都不知道了。

4

现在，我已经满血复活，且觅得佳偶，苗小艾成了我的正式女朋友。

那天我翻车晕过去，是她第一时间赶来救了我，因为她在我的导航仪里装了 GPS 同步，无论我走到哪里，她都能跟踪。苗小艾如今不卖导航仪了，她仗着好听的声音在网上开了电台直播，没多久就已经火得不要不要的了。而我，除网上对粉丝不可公开的跟她不可描述的关系之外，官方头衔是她节目的内容总监。

好吧，目前看来，这个世界上除了苗小艾，我已经生无可恋，就这样。

第三辑
恋爱进行时

我走过的路途没有花香，
固执地披上蝴蝶的翅膀，
从此就没有了方向，
不知道步伐是随风，还是随你。
你是否也和我一样，
有了奔赴红尘的冲动？

爱情面前，
我们都不够勇敢和坦白，
再有把握也怕被拒绝和伤害，
更怕付出得不到回报。
但是好在，
我们还在彼此身边相互陪伴，
没有走散。

你若来了，便是一生

1

孤单会让人牙疼。

这是初阳在她的金毛犬走失第二十二小时后发的帖子。丢的金毛犬名叫花卷儿，是初阳四年前捡的一只流浪狗。它毛色浅黄，身材偏瘦，因为年纪不小了，眼毛已经变成白色，还掉了一颗牙齿。

浏览初阳的寻狗帖子，十分伤感，全是人狗情未了的片段。

夕阳快落的时候，有人把电话打给初阳，说找到了花卷儿。打电话的人自称叶航，住得离初阳不远。

约见面的地点在小区广场，远远的，初阳看见花卷儿蹲坐在一个高大的男人身边。初阳感激叶航，感激到不知道怎么表达她的谢意。

叶航牵了牵嘴角，笑得有几分蛊惑人心，指着花卷儿说："谢倒不必，它看上去情绪有点不太高。"

初阳的牙又疼了那么一下。

这次以后，初阳加了叶航的微信。她把叶航的朋友圈状态从头到尾看了个遍，才知道他是个牙医，帅帅的牙医。

知道叶航的职业后，初阳最想做的事情就是送他一幅表达心意的锦旗，不写千篇一律的救死扶伤或妙手回春什么的，干脆一点，指名道姓地写"感谢叶大夫救了我的狗"。

叶航笑着说："锦旗就不必了，搞得我像兽医一样。"

2

叶航工作的医院在开发区，初阳倒了两趟车才到。挂好号后直奔二楼的口腔科，透过厚厚的玻璃门，她看到叶航穿着白大褂正给一位病人治疗。他的目光那么认真，神情那么专注。引起初阳关注的是，叶航身边一个穿粉色护士服的漂亮小护士，正和叶航眉来眼去，配合默契。

因为叶航正忙，初阳被引导到另一个牙科大夫的诊床上。治疗的时候，初阳的目光时不时地往叶航那边瞟。她觉得穿白褂子的叶航比初见时更有魅力。

治疗结束后，初阳左磨右蹭等叶航下班。她要请叶航到家中做客，以表达自己的感谢之情。

他们经过菜市场时一起挑选新鲜的蔬菜，回到家后，初阳在厨房做拿手的饭菜，叶航坐在客厅看电视，花卷儿一会儿去厨房看看初阳，一会儿在客厅和叶航撒撒娇。这样的生活场景曾经出现在初阳对未来的美好想象里。

吃过晚饭，他们一起去小区广场散步，在初阳纠结着要不要对叶航表白时，叶航先开了口，说的却是别人。他说："我的同事要我问问你有没有男朋友。"

初阳心里的窃喜呼之欲出。她盯着自己的脚尖，摇了好几次头。偷偷瞄他有棱角的侧脸，他微笑向上翘起的嘴角。随后，叶航说，如果第一个问题的答案是否定的，那么，我的同事还拜托我问下一个问题："可不可以追求你？"

这表达真的太委婉了，初阳竟然不知道怎么接下去才好，搞得后来的告别极其仓促。

整夜，初阳都在琢磨着，如果再碰到叶航，怎么委婉地告诉他，她并不反感他追求自己这件事。

可去医院复诊时碰到叶航同事，初阳才知道，她真的想多了，叶航说的别人是事实。就是那天给初阳看牙的医生，和叶航是同一所医学院的同学，人们管他叫大可。

初阳的牙病连续看了一个多月，几乎创造了年内治疗历时最长、次数最频繁的纪录。最后一次去，正好叶航有空，初阳终于被导诊的护士安排躺在叶航的诊椅上。隔着薄薄的胶皮手套，她感觉他的手指抚过脸庞。他左瞧右瞧，不一会儿的工夫就说："你以后可以不用来了。"

其实早就可以不用再来的，都是大可搞的小把戏，一次次把初阳骗来见面。

对于叶航的牵线搭桥，初阳心底有小小的失落感，还带着几分怒气和怨气。她不喜欢被不喜欢的人喜欢，更不喜欢自己喜欢的人对自己无视。这话虽然听上去像绕口令，但在初阳心里绕得十分忧伤。

她不再刻意挑叶航感兴趣的话题没话找话，叶航说她"自从牙齿健康以后，话就明显的少了”。

3

周末，初阳请叶航一起踏青。叶航并没拒绝，还提出个新建议，他们可以自驾得更远些，顺便带上花卷儿。白天，他们摇着桨泛舟，在城市中穿行。夜晚的时候，坐在河道边的小角楼里，一边喝着淡酒，一边赏月观景，甚是惬意。那种感觉怎么说呢？就好像即便一辈子到此结束都不带遗憾。等再回到原来生活和工作的城市，竟然有种需要倒时差的错觉。

听说，这个周末大可找初阳找得都快疯了。他等在初阳家的楼下，正碰上旅行回来的他们，叶航非常识趣地走开了，一副成人之美的君子相。

叶航是喜欢她的，一起出去玩了几天之后，初阳更加确定了。可是，她讨厌他的懦弱和不勇敢。她多希望看到叶航能一点一点走近，一把牵过她的手，大声地告诉大可说：“这个女人是我的！”

可叶航那里，除了闪躲和逃避的目光，并无其他。

是初阳先把脚步迈向大可的，她特别想看看叶航会有怎样的反应。但她还是失望了。他的反应就是毫无反应，无动于衷。

然后，叶航就消失不见了，初阳也不太敢带花卷儿招摇过市去找他，因为城市开始禁止家庭饲养大型犬。

4

初阳给大可打去电话，询问叶航的下落，才知道叶航辞职了。大可说，院里很多人都羡慕叶航能有选择自己生活的勇气，毕竟这样的工作，不是谁说放下就能放下的。

初阳在电话里跟大可说抱歉，那天的主动让他误会了。

根本不用解释的，他都懂。

放下电话，初阳当即决定去找叶航。

初阳只带了一个小小的行李箱，一半的地方放着狗粮，花卷儿像听得懂主人话一样温顺乖巧，目光也像在四处寻找曾经一起的玩伴。

找遍几家比较大的医院，询问口腔科有没有一个叫叶航的大夫，可是几天下来，没有关于他的一点消息。

一个旅店的老板娘听说有人在找一个牙医，建议初阳说，小城边上有家牙科诊所要开业，可以去那里碰碰运气。

那天天气很热，新开的牙科诊所开着冷气，门窗都关着，初阳推门而入，便见一个穿着白大褂的男人背对门站着。那背影，曾让她深深迷恋。男人听到声音，缓缓转过身来，在他看到初阳时，身体一下僵住了。

叶航说："初阳，别看我是个医生，可我总有跨不过去的坎，医不了自己的病。我不敢表明自己的心迹，只是因为恐惧。"叶航把她拥进怀里低低地说："你若来了，便是一生。"

爱情面前，我们都不够勇敢和坦白，再有把握也怕被拒绝和伤害，更怕付出得不到回报。但是好在，我们还在彼此身边相互陪伴，没有走散。

近郊新开的牙科诊所一下出了名，大夫来自大城市有名的医院，诊所里有个年轻漂亮的小护士。牙科诊所有个很大的后院，后院里养了两只大金毛，一个叫花卷儿，一个叫豆包。哦，对了，还有四只刚出生的狗宝宝。

相传很久以前，
天和地是一对热恋的情人，
他们终日相拥厮守，
难分难舍。
后来，他们被生生分开，
只能日日隔空相望。
终于有一天，天忍受不住思念，
用尽全身力气震碎了自己，
于是化作片片雪花飘落下来，
落进爱人的怀抱。

首尔的第一场雪

两年前，首尔的第一场雪

我出生在首尔，有四分之一的中国血统。可能和这有关，公司总部在对我的业绩进行考核后，决定将我派往中国。于是，学习汉语便成了我生活的一部分。

刚开始我报了个中文学习班，但是课程枯燥无趣，效果也不理想。去了几次之后，很难再坚持下去。这时，朋友向我提出建议，说九老区有家专门租男人的钟点丈夫出租公司，可以去试试。

如果我能雇佣到居住在韩国的中国男人作为钟点丈夫，不仅轻松解决了语言学习问题，其他生活问题也可以迎刃而解，何乐不为？

接着，一个做兼职的中国留学生梁策被介绍过来。他学历很高，带点儿书生气，第一眼给人很阳光的感觉，我当即签了租约把他领回家。我们并肩走时，我的身高只到他耳朵位置，侧眼瞧他时，正好能看到他洁白的牙齿和微翘的下巴，弧线很完美。

到家后，梁策自然而然地进入状态，站在客厅的沙发前，俨然一个小老师的模样。他一遍一遍念我的名字，用钢笔在白纸上写下好看的方块字，然后说："李慧爱，这就是你的中文名字。"

话音刚落，只见窗外飘起亮晶晶的雪花。梁策看到飘雪兴奋极了，拉着我就出了门。可惜，雪边下边化，刚到掌心就变成了水。

应情应景，那天的梁策给我讲了个关于雪的传说。

"相传很久以前，天和地是一对热恋的情人，他们终日相拥厮守，难分难舍。后来，他们被生生分开，只能日日隔空相望。终于有一天，天忍受不住思念，用尽全身力气震碎了自己，于是化作片片雪花飘落下来，落进爱人的怀抱。”

梁策说在他的家乡，六角的雪花是最美的精灵，可以覆盖整片山野。只有那时，天与地白茫茫一片地连在一起，那是他们结合的时候。

两年前首尔的第一场雪，我和梁策，在一起。

那年那月，水杉道上走几遍

快到新年的时候，我的中文有了很大进步，梁策成天捧着成语故事书读给我听，我已经能理解大半，还能跟着读出一些。我们之间，简单的对话都用汉语交流。

比如我问：“策，过年了，放假了，为什么不回家了？”

梁策纠正我：“不要什么话最后都用‘了’。”他说，他要在首尔过个年，要不然就没机会了。

呵，他不知不觉跟我一样“了”。梁策说，他的学业快结束了，估计离开首尔的日子不会太远了。

撇开雇佣关系，我们合作得一直不错，相处很快乐。他一个留学生，独在他乡的确不易，我很想，很想给他一个非常不同的假期。

江原道，我能想到的，让梁策有回家感觉的地方。那里不仅有雪，有海，还有我的回忆。

为了御寒，梁策想带他来时带的厚棉衣。他骄傲地说是中国制造。我直摇头，翻箱倒柜，找出一套情侣服，往梁策身上一比正合适，就像为他定做的一样。我把衣服给他，跟他说："从现在开始，记住，你不叫梁策了。"我学梁策跟我说话的口气说："良哲，宋良哲，这就是你的名字。"

他什么也不问，点头答应，十分乖顺。

去时正值冬季，一场雪后，江原道的南怡岛，我们走在水杉道上，两旁的树枝上挂满了雪，美得像在演电视剧。我说："良哲，你靠那边走，我靠这边走，走到第一个长凳，看看是多少步？"

我们隔道同向而行，偶尔望对方一眼。走到长凳上时，我说："八十九，你呢？"他说："七十八。"我回他："不，良哲，你要说是七十七，差一步也不行。"

他笑答我，说："我们重新再走过。"

再次走到长凳边上，他捧起我冻得发红的手呵着气，小心翼翼地问："是这样吗？"

我没回答是或不是，因为真正的良哲不会这样问。

在水杉路冰凉的椅子上，我给他讲起那年那月的宋良哲，发生在江原道的点点滴滴。梁策追问我故事的结局，我指着灰蓝的天空说：“他去了天堂，没再回来。”

梁策说：“只要你愿意，我可以变成任何一个人，做你希望的任何事。”他说他就是我心里下起的雪，可以将我的伤心往事覆盖得严严实实的雪。

当我们靠在一起时，情侣衣上的两颗心合在一起。

月圆夜不是用来别离的

我们好像变得有些不一样，感觉很亲近，他的快乐情绪能轻易地传染给我。有时不用我约，他下课后自己会来。我在家的时候，他敲门进屋；我不在家的时候，他留张字条就走。

生活中出现这样一个很有安全感的男人，即便比我小上几岁，也让人觉得踏实。

如我一般年纪的同学大多都已成家，同学之间聚会，说要带家人一起赴会，我叫上梁策，是想告诉他们，我不是没有男朋友，只是不想结婚。

还有各种各样的家庭聚会，单独应战不是很方便的时候，我更会叫上梁策同行。

扮我的男友，他轻车熟路。

在一个非常重要的客户举办的派对上，参加的都是出双入对的夫妻，我找来梁策，却有了我们之间最大的一次不愉快。他嫌我的裙子太短，嫌我浓妆艳抹，讨厌我和人谈事时频频举起酒杯。

宴会当场，我不好发作。他开着车把半醉的我送到家后，我毫不顾忌地表达了我的愤怒，他不知道这个客户对我有多重要，他影响到了我的工作。

“为了个工作跟拼命一样不值得，”梁策说，“要时不时地把节奏放慢享受生活。”梁策还说，“我也是为你好。”

“为我好？你以为你是谁？简直是笑话，不过是我花钱请的钟点工罢了，说好听点是钟点丈夫，说不好听，连钟点情人都算不上，还真以为自己是我的男朋友呀？”

梁策转过身半天没讲话，而后，他摔门走出我的房间。

此后我和梁策再无联系，过了大约一个星期，我步行到中介公司，还想着再找个更合适的钟点丈夫，可一路上想的大多是如何抚平裂痕。

中介公司的负责人告诉我梁策早就不在那里做兼职了。

我没想到，和梁策又是一个一次分离即是永远的故事。故事重演了一遍，如同我和良哲，他和我吵架后开车，路遇车祸再没回来。这么些年，我带着愧疚度日，早已习惯用工作排解寂寞和忧伤。和良哲一起的快乐于我而言，多么难得。

我申请提前去中国，想尽快忘了，那场雪，那些事，那个人。

嘿，你还好吗？

山东，烟台，有海，有雪，我工作和生活的中国城市。

我经常有意无意地在地图上寻找积雪可以覆盖整片山野的地方。当我转述梁策跟我描述过的他的家乡时，有人给了我答案。

假期，我孤单地穿上情侣衣的女士款棉服，背上背包，坐上火车，独自出游。

没有最终的目的地，也没去找什么旅行社，我想，如果到当地找个中介租人的公司，雇个导游是个不错的主意。

从一家中介公司出来时，我的身边就多了一个身材魁梧的男人。

我说：“我要看被冰雪覆盖的山野。”男人说：“想看冰雪奇观有个地方不得不去，只是还得坐上几个小时的客车。”到目的地时，天已经黑了。

那夜我经历了什么？

在住宿的酒店内，我丢了证件，丢了身上所有的现金和值钱的物件。还以“韩国游客遭遇黑中介被骗”的标题上了报纸社会新闻的版面，网络上也有大大小小的报道。

同情我的人都责怪我，一个独身女子怎么能轻易相信别人呢？

我觉得我真是倒霉透顶。

可是，当我接到一个电话后就不这么想了。电话里是熟悉的声音，他说：“李慧爱，在那里，别动，等我。”

他的话很短，还以为我只能说简单的几个字的短语吗？傻瓜，我已经能很流利地说很长的句子了。

放下电话，我真的一动没动，好像连身体的姿势都没变过，原地等着他。梁策见到我就说：“傻丫头，看那衣服，我一眼认出了是你。”

身上一分钱都不剩走投无路时我没哭，完全辨别不出方向时我也没哭，可听到这些话，我几年没有流过眼泪的眼睛又酸又胀。

我的节奏早就慢下来了，我听劝地开始享受生活，可是身边却没有一起快乐的人了。

梁策比起以前壮实了不少，皮肤黝黑了很多，他把我拽进他的怀里，揉着我的头发说："第一次见你时就这么狼狈。"

"第一次？两年前首尔的第一场雪？"

"不，远在那之前。"得知良哲在医院急救，我飙着泪开车过街时，正巧撞到的人就是梁策，我扔下很多钱匆匆走了。梁策说要不是那笔钱，他可能早回国了，简直是救了他的命。

那次以后，梁策跑到我工作的大厦附近餐厅打工，有时，我就坐在他的店里，却从没注意过他。

知道我要找会中文的钟点工，他就去做兼职，只为我一个人服务。

梁策的眼神比以前坚定和自信了很多。他伸出手对我说："李慧爱，跟我走，咱回家。"

外面的雪下得很凶猛，满眼的白色，那些和他一起的快乐回忆扑面而来。我问:“梁策，你到底用什么震碎了自己变成雪?”

“因为爱情。”他答。

只通过一个不靠谱的测试，
就判定对方能不能
与其携手走进幸福的婚姻殿堂，
把婚姻当成了什么？

考验爱情的旅行

1

下午三点接到旅行社打来的电话，对方告诉我说之前预订的邮轮环球之旅下星期五出发，让我提前做好准备。

我望了望空荡荡的房间问：“女朋友分手了，可不可以退票？”

旅行社的人回我说：“当初订得比较早，价格优惠打折了很多，不能取消，也不能更改。”

环球旅行是我和张婷谈恋爱时定下的目标，那时我和她正花好月圆，共同努力奋斗经营着十几平方米的茶餐厅，那时的我们相信爱情会天长地久地一直美满下去。可如今，人生当中最为悲催的事儿说来就来了，付了全款的双人环球旅行还没开始，两个人却已经分手了。

我和张婷刚分手不久。

这是我头一次在她提出分手时不想挽回。哦，不对，也电话挽回过一次，在吵架后的第二天，但电话打过去，张婷态度冷冷淡淡的，我便失了热情。

地球离了谁都照样转，太阳照常升起又照常落下，而我照常按部就班地开着我的小小茶餐厅，也照常跟收银员楠楠“眉来眼去”着。

说我跟楠楠“眉来眼去”的人就是张婷。怀疑是魔鬼，张婷被魔鬼冲昏了头。她不顾有外人在场，当着几个员工的面说我和人家姑娘不清不楚地搞暧昧。

楠楠是我请来做财务的，眼看着茶餐厅一点一点地发展，我把二楼的店面也租了下来，客流量加大了，不能还像老样子让张婷一个人管账，做企业不规范不行。可张婷不理解，我也只能使出缓兵之计，先让楠楠做收银，顺带着帮帮张婷的忙。

为了这点事，我和张婷几度激烈争吵，她说就没见过我对别的员工那么好过，去银行换个零钱转个账还用老板车接车送。

要说那日也巧，快到下午高峰期时，收银柜台突然说备用零钱不够用了，楠楠去附近银行兑换，汗流浃背地跑回来说银行零钱也不够了。看她气喘吁吁，脸蛋红扑扑的，我就动了恻隐之心，能为店里事情如此上心的员工是应该珍惜的，于是我说载她去别的银行看看。

张婷哪里听我解释，她还说特别反感我一声一声“楠楠”叫得那么亲密，我再次解释说忘了人家姑娘的姓，和大家一样去了姓叫“楠楠”有什么错？张婷无理取闹瞎联想，吵得我极其厌烦，最后她提出分手，我随了她的意。

张婷不再来店里，保险柜的钥匙只有她有，我也不至于低三下四再去求张婷吧？她是想让店里的人再看我一次笑话吗？

索性，我让人联系开锁公司，换了个新的保险柜。再索性，我把楠楠单独约出来，说了一句比梁朝伟在《花样年华》里还牛的台词。我说：“如果我有两张环球旅行的票，你愿不愿意跟我一起走？”

一不做，二不休。张婷不是怀疑吗？就让怀疑来得更猛烈些吧！

2

楠楠刚开始还推托，不愿也不敢与我同行。我沉默片刻想了想，决定给她放个假，把票免费出让，就算公司福利，她好带着男朋友一同前往。楠楠有些羞涩地说，她没有男朋友，刚分手了。

原来是同病相怜，那还犹豫什么呢，约定的日子一起出发。

旅途漫漫，时光正好，邮轮、浪花、海景房……有人管这叫浪漫，有人从中追寻刺激和艳遇。

在邮轮上私人定制的西餐厅用餐时，楠楠说为了配合气氛就不再叫我陈总了，管我叫“云飞”。我询问了她的全名才知她叫余楠楠。

那晚，穿着紫罗兰色晚礼服的余楠楠眼里好像有种光芒，特别闪亮。她举着红酒杯，目光定定地看得我浑身发热，我也拿起酒杯与她轻轻相碰。余楠楠说：“云飞，你就不怕在这旅途中，我爱上你，或者你爱上我？”

这话怎么听来都是话里还有话，让人感觉蠢蠢欲动的，特别是此时此刻，余楠楠浑身上下流光溢彩。一个不折不扣的独身美女和一个刚刚失恋的正常男人，放在平常得是一场十分猛烈又火花四溅的碰撞。

可是不行，真的不行，我爱我的女人，从始至终。

微醉的余楠楠一点也不介意我的过去，她说她有信心比张婷做得更好。她跟随着我一起进了房间，宽衣解带和我靠得无比近，于是我的眼前就浮现出张婷的脸。

我的手有千斤重，拉住余楠楠胡乱解腰带和胸衣的手，我帮她把衣服的肩带提上。余楠楠问我：“云飞，你真的对我没感觉吗？”

“真，真的。”短短一句话，我竟然有点结巴。这时，余楠楠身上若有似无的香气飘进我的鼻腔，我忍不住打了个喷嚏。然后，余楠楠就像被人泼了一盆冷水一样蔫了。

没有了盛气凌人不可一世的美艳，余楠楠变得楚楚可怜起来。她哭得悲伤，眼泪流着流着就哭花了妆。余楠楠带着颤音说：“为什么就没有个好男人给我好好的爱？”

我愿意相信她的眼泪是真实的，同时，我也清楚自己的心动和欲望是真实的。但那天晚上，和着海浪的声音，连晚餐时的衣服都没换，我搂着余楠楠沉沉睡去，直到天光微亮。

其实，这场早就定好的旅行对我和女友张婷来说意义非凡，张婷是陪着我一起吃过苦的女人，我做不到始乱终弃。原本约定畅快地游玩一圈之后就结婚，我从未变过初心，可也不能一再迁就忍让，让张婷变本加厉地损耗我对她的爱。

我想我说的话余楠楠能够懂得，临时改变主意带她补缺，和爱情无关。我笃定，吃了教训的张婷会回来我身边的。

3

一个星期，两个星期……

已经从国外旅游回来很长时间了，可张婷始终没有如我预期般到来。等得渐渐没有耐心了，我把余楠楠叫到办公室私聊。

单刀直入，不绕弯子。我问余楠楠：“为什么没有张婷的消息？”

她想说些什么被我制止了，我不想听她解释的谎言。余楠楠还以为我不知道她受张婷指使刻意接近我的内幕。也怪张婷太大意，她在和人私信定制这种测试服务后没有及时关闭网页，我看到了她和余楠楠的对话。

为了给张婷一个安心的答案，我才将计就计没有揭发，还择机趁着一起旅行跟余楠楠表露了对张婷的忠心。

若有人问：“如果我对一切并不知晓，活色生香的余楠楠投怀送抱时我还能否坚持原则？”我的答案是：“未必。”真的，这个我不确定。

专门从事渣男测试生意的余楠楠说：“男人都爱新鲜刺激，她从业时间虽然不长，但就没有失过手，除了我。”她认定我是个好男人，应该拥有更高贵的感情才对，而张婷不配。

余楠楠承认她回来后跟张婷撒了谎，说在旅行途中把我搞定了，张婷就伤心地决定放弃我。

感情真的不像她们想的那么简单，张婷担心我会在事业蒸蒸日上的某一天将她抛弃。说到底，是张婷对自己没信心，也低估了我对她的爱。只通过一个不靠谱的测试，就判定这个男人能不能与其携手走进幸福的婚姻殿堂，她把婚姻当成了什么？

我付了余楠楠双倍的佣金，让她把整个经过如实说给张婷，但有一条，不要告诉张婷我知道她们之间的交易。

我诚心地说给余楠楠最后的良言是：“你是个很聪明的女孩，以后不要再重操旧业了，多花心思努力找份光明正大的职业。”

三天后，张婷回来了，她憔悴了好多。她说这段没有我的日子过得痛苦极了，是分离让她知道自己离不开我。我心想着这又蠢又笨的女人，这种自讨苦吃的事也做得出来。

对于余楠楠，我只字未提，张婷也不提。

就当过去的一切不曾发生过吧，我将张婷拥进怀里。我要做的是：除送她一枚早就准备好的结婚戒指外，还有一份双人环球旅游的计划单，憧憬中的未来多么美好。

张婷最后把我为她做的这些，愉快地收下了。

就让岁月这样一直静好下去吧。

爱情跟年龄、皱纹、职业、名声什么的真没多大关系，只要你爱这个人，一切问题都不成问题。只要你爱这个人，就愿意去改变她/他，或者，被她/他改变。

爱他就愿意为他改变

1

成建一生最高的技巧就是为女人解胸衣扣，迅速、准确，绝不拖泥带水。不管什么款式质地，前扣还是后扣，只感觉他的手指温柔地触上你的皮肤，毫无察觉的一瞬间，胸衣便自然而然地脱落了。

说完这番话，身为成建多年红颜知己的青颜便对我刮目相看了。她追问我是怎么知道的，我诡秘一笑：“这问题太无知了，还用说吗？因为，他给我解过。”

我的胸部被青颜美女的眼睛盯着看了又看。她冷冷地说道：“就你？冯喜球，看上去也没什么料呀！”

呃，同是女人，如此直白的人身攻击，再说下去可就没劲了。

以前青颜是长我几岁的老板时，我还让她三分，可现在，我已经辞职，总算能平起平坐了吧。

青颜不理会我说了些什么，轻轻松松对我用了一招激将法，我就没悬念地上了她的道儿。她说：“这周末我的桌球吧里会举办个小众的秀，去的都是我相熟的朋友，你敢穿着白色布质不带胸垫的胸衣去吗？”

“有什么不敢的？你可以小看我的脸，但不能看小了我的胸。那句话怎么说的来着？乳不巨何以聚人心？”

青颜说：“这事儿不能告诉成建，要不然就不好玩了。”

青颜所说的不好玩之处深得我心。她说：“你以为成建解胸衣的功夫是在你一个人身上练就的吗？男人就是这样，朝秦暮楚，勾三搭四。”

这话我信。就在刚才，我看见青颜的微信朋友圈里一个叫红桃 K 的小女孩发的一条状态，是成建去青颜桌球吧里玩桌球时和她的合影。长相清秀、有一头直发的红桃K是球吧里新招的收银员。她和成建的身体动作异常亲近，红桃K把手搭在成建的肩膀上，配的文字是父爱如“山”，山字加个双引号是什么意思？我不懂。但都看得出来，照片上成建的脸都笑开花了。

这个红桃K，她难道不知道成建早就名花有主了吗？谁要敢动成建，我连命都敢不要的。

青颜说：“别动怒，闹着玩的，还有谁肯为成建连工作都不要的？”

也是，成建就是随便跟我说一嘴，他不喜欢上夜班的女人，常年待在嘈杂的环境下工作，让人没有安全感之类的话，我就毅然辞职了。

2

成建是青颜桌球吧的熟客，我第一次看到他时，他正站在球桌旁边挥杆击球。他冷傲，他思考，他进攻，他防守，甭管是输是赢，他气定神闲不浮不躁，像个坐拥江山的皇帝，让我迷恋不已。

自从我不去青颜的球吧上班后，就很少看到成建玩球时的帅样了。

和青颜约好日子，我盛装出席，头一次没走工作通道，以顾客的身份从正门踏进青颜的球吧。那感觉和以前很不一样。

把帽檐压得很低，生怕被人认出来，路过收银台时，我还特别留意一下红桃 K。不看倒好，看完之后，我有种很浓重的自卑感在心里升腾。

我羡慕她比我年轻，不，严格意义上说，是嫉妒。

这股强烈的嫉妒心，变成一种悲愤的力量，所以那天的派对，我在青颜的带动下，玩得太 High 了。

屋子里热得要命，派对上的每个人都喝了不少酒，我的头发湿了，胸衣湿了，全身都滴着水。醉意渐浓，我深深地思念成建，手就不自觉地前后左右摸胸衣，然后傻傻地问了青颜一个非常难解的问题。我问青颜："不知道这款没有胸扣的运动型胸衣，成建得怎么解呢？"

青颜说："要不咱给他打电话，让他来现场亲自演示一下？"

我一下子就清醒了许多。这个疯样子要是被成建看到了，他非得把我休了不可。

青颜说："怕什么？我就敢让任何人看。"

说完，青颜自拍好几张照片发到微信朋友圈，还怂恿着我也像她那么干。

我没敢，我怕成建看到后生气。

可让我生气的事是，我没敢做的事，被小姑娘红桃K给做了。她也不知道什么时候拍了许多张照片传到网上，配文"球吧热夜"，像给球吧做广告宣传似的。

照片里有我，成建当然看到了我不想让他看的一切。

3

自那以后，成建就再也没心情来解我的胸衣了。每每不能陪在成建身边，我就特别痛恨红桃K，她是故意的，蓄谋已久的。

又一次看到红桃K炫耀般发她和成建的合影后，我激动地拨通了成建的电话。

成建在电话里说："喜球，我们真的不合适。"

我说："都是借口，分明是你看上了比我年轻的红桃K。"

成建的口气有点厌烦。他说："喜球，你别无理取闹好不好？”

我说：“成建，你现在过来，我们当面把话说清楚。”

成建叹了一声，半个小时后来到我的身边。

看到成建，我一个字都没说就把他抱住了。成建还是说：“喜球，你别这样，别闹。”

“不是闹，”我说，“成建，你别生我气，从今以后，胸衣不用你脱，我自己脱还不行吗？”

说着，我就动手脱我自己的衣服。成建抓住我正在动作的手，说了一句把我从头到脚浇得拔凉的话。他说：“喜球，那天，对不起。”

成建也只有上次酒醉的时候，才对我有那么一点点瞬间的温存。他当时的适可而止，却被我误以为是隐忍的爱情。然后有了红桃K，他就变心了。成建说他来这儿就是要诚意地亲口跟我说声“对不起”，他转身要走，临行前又跟我说了一遍“对不起”。可是，如果能在一起，我宁愿说对不起的那个人是我，说多少遍都行。

我怒不可遏，我穷凶极恶，或者也可以用无恶不作来形容。反正我愤怒到极点，我像个泼妇一样跟踪成建到球吧，而后大闹特闹一场。收银台前，我一把拽过红桃K的头发，和她厮打起来。许多人过来拉架，可我还是抓破了她粉嫩的小脸，撕破了她带亮片的衣服。

我也没好到哪里去，头发乱了，指甲断了，哭花了妆，还把胳膊蹭破了皮。人们把我拉开，我够不着红桃K，就把鞋子丢向她，大骂着："你勾引成建，臭不要脸的小狐狸精！"

红桃K也哭了，她说："我不准你诋毁他！"

看这孩子多文艺范儿，她用的不是骂字，而是诋毁，哪像是出来混的。就见成建迈着急急的步子，凶凶地过来跟我说："冯喜球，你太过分了！"

"我过分吗？红桃K大肆炫耀父爱如'山'时，你怎么不说她过分？你说清楚，什么父爱如'山'？谁山了？"

原来，红桃K还是个没毕业的大学生，成建将她安排在青颜的桌球吧里打零工，就算是对她的资助和帮助。红桃K说成建给了她如父如兄般的爱，是"父"爱如山，只是她的双引号放错了位置。

事已至此，我觉得我和红桃K，像是一出荒唐的闹剧。

爱情从来都是一件两败俱伤的事儿，尤其是女人，只要一陷进去，就很少能姿态优雅地全身而退。

4

大概过了一个月，我接到了青颜的喜帖，新郎名字赫然写着“成建”两个字，真是人生处处有惊喜呀。意外之余，我忽然有种当了炮灰的感觉。

青颜这招“螳螂捕蝉，黄雀在后”用得真是绝妙无比。此时此刻，我被打击得连亲自质问她的勇气都没有了，反而是青颜比较坦然。青颜说：“喜球，我得谢谢你，要不是你，我都不知道我是在乎成建的。”

青颜和成建是大学同学，他们在学校时还有过那么一段儿。这么多年，青颜身边从来不缺少谈恋爱的男人，却始终孤单单的一个人过。而成建始终以最亲近的朋友身份伴其左右，暗地里的求婚却跟定时器似的，每年一次。

青颜也跟我道歉。她说：“喜球，对不起，这么多年，我习惯了成建对我的好，真的是在听你说他解你胸衣时，我才有了异样的感受。”

你看，我的炫耀结了恶果。可女人怎么这样呢？非得用比较和嫉妒去见证爱情。或者，我和红桃 K 都是成建的棋子，是他为了驯服青颜走的一步棋。

青颜说："冯喜球，我可以低于市价把球吧转给你，你愿意要不？成建说过不喜欢出没在夜色里的女人，更不喜欢常年待在灯红酒绿下的女人。"

这个，怎么不知不觉的，青颜成了我，我成了青颜？

好像有人说过的，只要是真爱就应该被祝福对不对？我真心地希望他们两个人能够不再互相折腾，不再伤害别人，好好相爱。

看看青颜，再看看红桃 K，我恍然间明白，原来爱情跟年龄、皱纹、职业、名声什么的真没多大关系，只要你爱这个人，一切问题都不成问题。只要你爱这个人，就愿意去改变她 / 他，或者，被她 / 他改变。

爱情的感觉，
像慕斯，
像玛奇朵，
刚一开始有点苦，
但只要你有耐心继续，
就会有香气在唇齿间四散开来。
可如果你每次都只是浅尝辄止，
那么你感觉到的就永远是苦味，
也就没有办法体味接下来的甜。

爱情的慕斯

1

唐雨薇搬家的那天，林豪义无反顾地去帮忙，最后搬进家门的，是一个大烤箱，林豪费力地往楼上运。唐雨薇的厨房用具实在太多了，打蛋器、刮刀、厨房秤，各种大小的打蛋盆、烘焙模具、包装纸盒，五颜六色的绸带……

等所有的东西都搬完，唐雨薇和林豪都累瘫了，直直地躺在客厅的地板上。此时此刻，唐雨薇和林豪成了名副其实的邻居。唐雨薇在楼上，林豪住楼下。

是夜，唐雨薇走到窗前，隔着紫色的窗帘，看到林豪的房间，灯还微微亮着。

当初唐雨薇要搬家的时候，就让林豪帮忙在他的住处附近找个公寓。找来找去，就找到现在的这个地方，只要唐雨薇想，她走到窗边就能隐隐约约看到林豪，或听到林豪家里发出的声音，当然，有时候会有女人的声音。

每天晚饭时间，唐雨薇总会站在窗边观察一会儿，如果林豪不在家，或者他的家里有客人，她就只准备一个人的晚餐草草了事，但是如果林豪的家里很安静，只有林豪自己在，那么唐雨薇便在做好饭后，或者发个微信，或者亲自跑到楼下，敲开林豪的家门，约他上楼一起吃晚饭。唐雨薇喜欢看到林豪把她做的饭菜美滋滋地吃到一点儿都不剩。

在唐雨薇搬来的第二个周末，她看林豪的公寓静悄悄的，于是就开始像陀螺一样准备起了丰盛的晚餐，用小烤箱欢快地做了新学的甜点。

等一切齐备，唐雨薇把电话打给林豪，却无人接听，下楼敲了几下门后，林豪的头从门缝里探出来，慌慌张张地问唐雨薇有什么事。只听一个女生的声音在林豪的房间尖尖地响起，娇滴滴地问林豪是谁来了。林豪冲着唐雨薇做了鬼脸，然后冲着屋子喊："邻居。"仅此而已，短短两个字便简单明了地说明了他和唐雨薇的关系。

唐雨薇愣在林豪的家门口不知如何是好，她忙着在厨房做饭时，忘了隔着窗户看看林豪家里的情况。反应过来以后刚要转身上楼回自己家，林豪卧室里的美艳女人趿着拖鞋来到门口。

唐雨薇看得清楚，那是个漂亮的女人，卷卷的头发，几分风情，几分妖娆。女人跟唐雨薇笑着打个招呼，还主动发出邀请说，明天是林豪生日，问她这个好邻居方不方便一起吃个晚餐？

唐雨薇从林豪的住所往回走，每一步都走得无比沉重，她吃着自己做的甜点，感觉有点甜有点腻，很没胃口。她思来想去，翻出烘焙菜谱，认真地照着慕斯蛋糕制作的配料和步骤操作起来。林豪不是生日吗，送个亲手 DIY 的蛋糕好了。

林豪生日当天，唐雨薇提着蛋糕敲响了林豪的房门，林豪又一次只把头探了出来。唐雨薇把蛋糕举到林豪面前，还说祝他生日快乐。她说得那么走心，可林豪听得漫不经心。唐雨薇有自知之明，送完蛋糕就和林豪道别，转身上楼回家。林豪倒一点都不见外，接过蛋糕，简单说句“谢谢，你懂的”，就把门关上了。

唐雨薇心生悲凉，人说的请吃生日餐，只不过是句客套话而已。

2

林豪生日的第二天是周一。上班时，唐雨薇一出小区门口就和林豪碰上了，这种巧合自唐雨薇搬来后就总是发生，林豪几乎都习以为常了。

要不是住得离林豪这么近，唐雨薇也不会知道林豪不缺女朋友。

而且，唐雨薇在试探中得知，林豪喜欢成熟一点的女人，因为林豪说，这类型的女人懂规则，知进退，所以也就不用负太多责任。唐雨薇刚听到林豪这么说时有些失望，她没想到林豪竟然是这样的人。

而在这之前，唐雨薇爱慕的林豪，是谈判场上的才子，也是对人照顾有加的绅士。他们是不同部门的同事，唐雨薇早就对林豪动了心，可是从来不曾表白。一直以来，她像个朋友似的与林豪相处。

唐雨薇心里郁闷，潜伏在林豪身边的时间不短了，她连个备胎都算不上。到现在为止，她也就只能顺便给林豪带个早餐，偶尔下班同路回家。

唐雨薇最大的爱好，就是在厨房里和那些瓶瓶罐罐打交道，用各种配料和烘焙用具制作各种各样的甜品和蛋糕。刚开始她只能做些大小不一的曲奇饼，可随着技术的娴熟，什么玛奇朵、蛋挞或蔓越莓，都可以做得既好看又好吃，相当于半专业蛋糕师傅的水准。在这个过程中，她很享受，也同样享受一个人的时光。作为唐雨薇的邻居，林豪当然享受过这些美味，可他也没忘提醒林雨薇，吃甜食多了会发胖。

果不其然，没出半年，唐雨薇真的成功地成为一名不是太胖的胖子。在唐雨薇整个发胖的过程中，她见识了林豪的一个又一个女朋友。

在一次晚饭过后，唐雨薇又一次拿着做好的慕斯蛋糕送给林豪时，林豪忍无可忍地把蛋糕推到一边。

那天的林豪心情真的很糟糕，和女朋友吵来吵去惹得他心烦。唐雨薇也不是没有看出林豪情绪不好，可她觉得吃甜食会让心情变好。没想到林豪爆发了，他说他根本不喜欢苦口的慕斯，他冲着唐雨薇嘶吼，你看不出来我不喜欢吃吗？难道你也要我和你一样吃成个胖子吗？

唐雨薇想说，慕斯虽然刚入口时有些苦，可如果有耐心吃到蛋糕的中心，就会有甜布丁的香气在唇齿间四散开来。这和爱情的感觉很像，有苦有甜，总是喜乐参半。或者说，如果你每次都只是浅尝辄止，那么你的感觉就永远都是苦的，没有办法体味接下来的甜。就像林豪的一个又一个女朋友，刚开始无不被他的才华所吸引，可是他不愿意真正地交出真心，更不愿意付出太多，他惧怕失去，所以干脆不去争取完全拥有。每一个女朋友离开林豪时，都会疑惑地问他，你爱过我吗？

唐雨薇觉得，林豪最爱的人是他自己，只有他自己，他是一个只愿意活在自我世界的人。唐雨薇的心，随着冬天的来临，一点一点地变冷了。

3

唐雨薇和林豪彻底决裂，在林豪看来是她的多管闲事，在唐雨薇看来却是出于对他的关心。那天晚上唐雨薇本来拿着一本烘焙方面的书在翻看，其间拿着书踱步到窗前伸个懒腰。她抬头看看天，再低头望一望林豪房间的窗口，谁知却看到没拉窗帘的窗子里，有林豪和人厮打的影子。

唐雨薇立马放下书，紧张地跑下楼，在门口隐隐约约听到吵闹声，间或夹杂着玻璃器皿被摔碎的清脆响声。她把耳朵贴在林豪公寓的门上，确定声音就是从房间里传出来时，在门口徘徊了又徘徊，犹豫了又犹豫。没多一会儿，又听得一场巨大的响声，闷闷的，像是一个很沉重的物体坠落的声音，她惊恐地以为是谁跳了楼，于是不假思索地把门敲响。

开门的林豪带着一股强大的怒气，这是唐雨薇从来没见过的，和他平常的英姿勃发一点都不像。

唐雨薇把头往里探了探，小心问道："是吵架了吗？没事吧？"

林豪却更加生气了。他吼着唐雨薇说："你没事吧，大半夜的不睡觉，却来管别人家的闲事。"唐雨薇又劝了几句，林豪就把气全撒到唐雨薇的身上，他让唐雨薇滚。

回到家后的唐雨薇哭了，她爱林豪爱了快两年，心甘情愿给了他自己认为最好的爱，从没想过要什么回报，可是他也不能仗着她对他的好，就这样无视她，不尊重她。唐雨薇终于知道，他不爱她，将来也不会爱。

一场争吵过后，林豪的女友不是这个，还可以是那个。但他和唐雨薇的关系却陷入无法调和的冷战之中。唐雨薇搬出公寓，行踪不定。

有人说她在减肥，每天都去找健身教练，发誓要练出马甲线；有人说她去拜师学艺做甜品；还有人说她要辞职正在找下家。

怎么说的都有，反正自从唐雨薇不和林豪做邻居以后，林豪每次见她都很匆忙，连说句话的时间都没有。

后来，唐雨薇就真的辞职了。

时隔多年，唐雨薇与林豪再次在一个咖啡店里相遇。

林豪身边一如既往的是他不知第多少任的女朋友，在唐雨薇看来，林豪基本没怎么变，还是那么绅士般有礼有节，也还是那么意气风发。同样没有变的，还有他对女人的态度。而此时的唐雨薇，恰巧是这个咖啡店的店主，她的身材比上学时还要完美，可以做出比原来更复杂和美味的慕斯以及各种蛋糕，她的脸上还有被男人宠爱和呵护所流露出的幸福的光芒。

唐雨薇已为人妻，丈夫正是曾经学甜品的老师。

在她刚结婚的时候，有很多人都不理解唐雨薇，她一个名牌大学的毕业生，为什么找了一个小小甜品店的蛋糕师傅？

可这么多年过来，唐雨薇真的感到很幸福。和先生一起在厨房研究新口味的甜品做法时她很快乐，一起去健身她也感到快乐，一起把原来小小的店面扩大成现在的咖啡店也让她感到无比幸福。或许在不久以后，他们还会有个漂亮的娃娃。

再见林豪，唐雨薇不免暗自庆幸。如果当初继续执迷不悟，怎么会有今天简单的小小幸福。对于林豪，她看得清楚，总以蜻蜓点水的状态进入爱情，吝于付出，不愿意沾染太多，更不愿意负太多的责任，如何能收获长久而美满的爱？就像慕斯蛋糕，他吃到的永远是表层的苦。

相比于唐雨薇的苦尽甘来，林豪的爱情，还有相当长的段路要走。

女人并非都拜金，
她为他付出了青春和爱情，
却得不到应有的回应。
她只是败给了感情，
输给了没有希望的时间。

他还是不懂

1

自从冯毛毛走了以后，白锐不大不小地谈了两三场以失败而告终的短暂恋爱，女朋友无一例外的，或短发，或小胸，或喜欢右手戴表。细究起来，其实她们个个都是冯毛毛的影子。

每当想起冯毛毛，白锐是有些恨的。

就在前些天，白锐和几个好兄弟一起去打球，间歇休息的时候，他还被人调侃说起冯毛毛另结新欢的事儿，不光这几个兄弟疑惑，很多人都感到不解，为什么冯毛毛和白锐处了那么多年都没结婚，可和白锐分手也不过半年多的光景，冯毛毛就顺利成了别人的老婆。

白锐狠狠地擦了一把汗，又狠狠地把毛巾扔在地上，再狠狠地说一句："去她的冯毛毛，以后谁再跟我提这个女人，我跟谁急！"

以前说起冯毛毛来，白锐还能保持平静，尽管她很快嫁给了别人，可道理还算说得通，冯毛毛也是为自己的将来做打算。白锐从冯毛毛身上总结出一条道理来：女人都爱钱。

冯毛毛嫁的男人条件好，有车有房有事业，不像他，一无所有。白锐说："都怪我穷，给不了她更好的生活。"

好生活是有过的，那还是他们一起上大学时。

那时的白锐唇红齿白，阳光而有朝气，他是校篮球队的主力前锋，走到哪里都引人注目。而那时的冯毛毛是中场休息时最有个性的篮球宝贝，一排排的队伍中，属她跟着节奏舞动得最有韵律。

相遇第一天，冯毛毛就为白锐加油打气，送水递毛巾，表现出比别人多的好感和热情。有人问毛毛："篮球队里那么多人，为什么只给白锐送水呀？"

冯毛毛甩了甩长长的头发，坦坦荡荡地说："我喜欢啊，怎么着？"

在大二之前，冯毛毛一直是个长发美女，在白锐有年参加大学生篮球比赛输了球后，白锐和人打赌剃成光头，他想用这种方式时刻提醒和告诫自己，有朝一日定要一雪前耻。结果，冯毛毛二话不说，也把自己一头秀发毫不留恋地咔嚓掉。

短发的冯毛毛被白锐夸到天上去了。他说："好看，喜欢，无比的喜欢！"

这次之后，他们的感情向前迈进了一大步，为了做纪念，他们买了一对情侣表。白锐发现，冯毛毛爱把手表戴在右手腕。他问过为什么，冯毛毛狡黠一笑回他："普京也是右手戴表呢，对心脏好。"

多美好的回忆啊，白锐总是忍不住想。然而，有句话说得还真准确，男人的黄金年龄太短暂了，也就十几二十岁时，他们长得帅会有人喜欢，打球厉害会有人喜欢，学习好会有人喜欢，会玩乐器也有人喜欢，但到了三十岁以后，只要他没钱，就很少有人喜欢了。

白锐就是这情况，虽然他还没到三十岁。

2

白锐比冯毛毛高一个年级，所以他先她一年毕业，很多校园恋人会随着毕业来临而分手，但他们的爱情一点儿都没受影响，反倒让冯毛毛对白锐的思念一日比一日浓烈。

在一次白锐回校时，冯毛毛放出豪言壮语，今后不管白锐在哪里，她都会一路追随，无论如何都要永远在一起。甚至，冯毛毛有股冲动，她跟白锐说："不如，你娶了我吧，就现在。"

一句话吓得白锐喝水呛得直咳嗽。他摸摸冯毛毛的头，问："没发烧吧？才多大啊，就急着结婚？"

结婚这事儿是冯毛毛先开的口，她表现得比男人还心急，难免有些羞涩。就见她低头揉着衣角说："反正扯证的年龄是够了。"白锐敲了敲冯毛毛的头，说她脑子有问题。

这是冯毛毛第一次提到结婚。第二次是在一年以后，她也毕业了，冯毛毛特意把白锐叫回来参加她的毕业典礼。

临离校之前拍毕业照的时候，冯毛毛建议女生穿婚纱，男生穿西装礼服。于是穿着婚纱的美女同学，与穿着黑色礼服的男同学在教学楼门口呈“V”字排列，那场景煞是壮观。待到单独找人合影的时候，冯毛毛穿着婚纱站在白锐的身边，感觉就像是在拍婚纱外景一样。冯毛毛的脸都笑开了花。

当时很多同学都在纠结人生从此将何去何从的问题，可冯毛毛特别执着，她目标坚定，就要到有白锐的地方去。

父母当然是不同意的，可冯毛毛不在乎，她拎着一个“Hello Kitty”的粉色小皮箱就和白锐一起双宿双飞了。刚把工作稳定下来，她就第二次向白锐提起结婚的事。可白锐仍然觉得为时过早，他的态度和一年前没什么变化，敲了敲冯毛毛的头，除了说她脑子有问题，还很深情地说了一句“再等等”。

一等就是许多年，熟识的同学都以为离参加他们婚礼的日子不远了，随后却听到他们分手的消息，同学们无不摇头叹息，感到不可思议。

有人说白锐："像冯毛毛那样死心塌地爱你的女人你若留不住，你就别想留住谁了。"

白锐回道："她变了，早不是当年那个冯毛毛了。"

冯毛毛离开白锐以后，直接回到父母身边。生活简单，工作单调，可她不在乎了。白锐给冯毛毛打过无数次电话，她不是拒接，就是态度冷冷的少言少语。白锐本以为待她冷静冷静就会好的，可几个月过去，冯毛毛没有一点回心转意的迹象。白锐请了年假，买了去冯毛毛家的火车票，提着贵重的礼物登门拜访，亲自道歉认错。他说："要结婚也行，咱回去就办。"可这次摇头的人是冯毛毛，她脱下右手腕那块和白锐同款的情侣手表，让白锐以后不要再打扰她。

白锐冷眼看着冯毛毛无名指上闪闪发亮的钻戒，冷冷地笑了，那么贵重的首饰都有了，哪还会在乎一块戴了许多年的旧手表？白锐觉得女人绝情起来都残忍无比，当初想结婚的是她，现在提分手的也是她。

他的好生活就这样戛然而止。

3

冯毛毛嫁的男人是通过相亲认识的，一个辩护律师，伶牙俐齿，对毛毛十分温柔，从不说过分伤人的话。

对于冯毛毛从前的那段刻骨铭心的感情经历，辩护律师也有所耳闻，可他不是抱着过去不放的人，所以不介意。反而，冯毛毛曾经的那份执着，和拼了命爱一个人的狠劲，都让他感觉心动。面对一个心被伤透的女人，成熟的、成功的男人应该给予更多疼惜。在这方面，辩护律师从不吝啬。

这一次，婚不是冯毛毛张口求来的。辩护律师虽然和冯毛毛相处的时间不长，但他阅人无数，看得出冯毛毛是个好姑娘，更是个会过日子的好女人，他这辈子认定了她，后半生都要与她一起度过。

在求婚仪式上，他送给她一颗大钻戒，还说要在房产证上加进冯毛毛的名字。

冯毛毛的头发已经留得快到肩了。她终于体会了一回被人正式求婚的滋味，不矫揉，不造作，冯毛毛对着半跪在她身前的男人点点头表示同意，长发遮住她的半张脸，也挡住了眼里溢出的泪。

终于，和白锐的一切成了过去，她心动的初恋啊。

从前，她每次跟白锐提起结婚，他总说等等，再等等。青春易逝，男人可以等，女人呢？

虽然白锐口口声声说要给她更好的生活，可他就是改不了贪玩的本性。

每当冯毛毛跟他说“你就不能像个男人一样有点正事”，白锐还会觉得挺委屈，他感觉生活被管制得没有自由。还没结婚呢，只不过是两个人在一起生活而已，冯毛毛对他就有那么多的束缚，那结婚后又得如何呢？这也成了白锐恐婚的原因之一。

正是抱着这样的心态，白锐没有节制地和朋友们喝酒唱歌看比赛，纵情享乐。在他的心里，妻子的位置除了冯毛毛没有别人，用他自己的话说，结婚之前，一定要玩够。

可冯毛毛就这么没耐心，等不及和别人结婚了。白锐始终觉得，冯毛毛从前说的不怕和他过平淡的生活，都是假话，都是推辞。

冯毛毛的心，白锐是不会懂了，促使冯毛毛离开的理由真的不是她有多么拜金，而是她为他付出了青春和爱情，却得不到应有的回应。她只是败给了感情，输给了没有希望的时间。

谁说她不懂珍惜，他不知道而已。

一直想给他一份特别的爱，他不知道而已。

第四辑

白首不相离

愿这个世上，
你爱的人，也在爱你。
愿有情人终成眷属。
愿相爱的你们，
都被爱情，
温柔以待。

我不确定自己是真的爱上了这个男人，
还是爱上了他带给我的改变，
以及他给我物质上和职场上的
太多便利和恩惠，
当感情和功利诱惑掺杂搅和在一起，
谁是谁非就分不清了。

原来我只是一颗棋子

没有失去就没有得到

秦放喜欢抚摸我的头发。有时，他会将手指插入我的发丝，一直顺到发尾，一下，两下，三下，很多下，却安静得不说一句话。

我也不说话，享受他的手指游走在我发间的温柔，感受他对我细如发丝般的宠爱。

成熟男人就是有成熟男人的好，他可以用丰富的物质满足女人并非莫须有的虚荣心，也可以不动声色地看透和包容一个女人的过去。还记得第一次和秦放肌肤相亲，衣衫尽落时，秦放看到我胸前佩戴的已经褪色的项链，他没有任何追问，只是轻轻地将显得奇怪的挂饰挪到我的身后，然后用他已然四十岁成熟而又微微发胖的身体，激情满满地将我淹没。

成熟的秦放和年轻的安志翔是那么不同。安志翔第一次看到我戴着和他一起去海边玩时捡来的石头做成的项链时很意外，也很感动。他还说："小如，等我有钱了，一定给你换个大钻石。"

可惜，我还没等来他的大钻石，他就和老板的女儿好上了。我和安志翔大学时就在一起了，毕业应聘进同一家公司上班。本以为幸福美好的小日子就是这样，可安志翔说，他爱我，当然爱我，但他更爱他的前途。

迫不得已，我没哭没闹，灰溜溜地离开了和安志翔一起工作半年多的公司。然后，跳槽到另一个公司，做了秦放的助理。

在一次公司周年庆上，我在秦放身旁随时待命，却与安志翔狭路相逢。安志翔的身边是骄傲的总裁女儿黎倩倩，她看到我，马上就收起笑容，毫不迟疑地对我表现出她的骄横、任性和各种刁难。我唯有用沉默应对，只在感觉委屈的时候，看看安志翔的眼睛，读到的却是闪躲。

我仍然沉默，仍然不失优雅地对黎倩倩忍气吞声，也因此博得了看客们的同情。没过一会儿，秦放向我走来，邀我共舞。如果你觉得这是善意的解围，那就错了。秦放早就看出了我是如何用最简单和示弱的方式，一点一点将胸大无脑的情敌策动成了一个给人留下笑柄的泼妇。

公司周年庆典散场结束之前，我和秦放的关系突飞猛进，他故作不经意地抚摸了我的头发，轻轻的声音从我耳边飘过。他说："精灵鬼，愿不愿意和我出去吃个消夜？"我回答得也很轻快："好啊。"

爱与不爱其实没什么关系

和秦放的婚礼定在一个月以后，我不确定自己是真的爱上了秦放，还是爱上了他带给我的改变，以及他给我物质上和职场上的太多便利和恩惠，当感情和功利诱惑掺杂搅和在一起，谁是谁非就分不清了。

婚礼办得超级简单，我说嫁就嫁了。可没想到的是，婚后的秦放要退休，他要把公司交给我打理。任我如何推托，他都执意坚持，还说，如果我喜欢，可以把原来的公司收购了，扬眉吐气。

我没有问他为什么要这么做，就像他从来不问我胸前那块破石头的来历，只是轻轻将它挪到我的身后，这是对我无上的尊重和包容。

五年，整整五年，秦放从最开始的旁加指点到后来完全放权不管，公司却也发展得顺风顺水。可与公司好运道相反的是，秦放的身体一天比一天糟糕，最后竟然到了卧床不起的地步。

不过是四十五岁的男人啊，怎么会这样？

秦放依然轻抚我的发，语气平静地说："幸好我有你，公司有你。"秦放说："从那次公司周年庆的活动上，我就看出了你的隐忍、精明，有韧劲，我就知道没看错你。"

我眼看着秦放缓缓闭上眼睛，心里疑惑的是，他到底是因为爱我而娶我，还是只为了给公司找个合适的接班人？后来在秦放离去后，这个问题我想通了，什么爱与不爱的，我一个小城姑娘，没背景，没后台，没资源，秦放这几年对我的包容、宠爱、信任和提点，哪一个我都得盛情感激。

终于在秦放离开半年后，我完成了他的遗愿，完成对原公司的收购，完美收工。

再次回到原来工作过的地方，也再次与黎倩倩狭路相逢，却已是另一片天地。这次灰溜溜走的是她。安志翔没有跟她走，一个无法给他未来的低智商女人，他怎么会忠诚追随。

我看到安志翔看我时的眼神，似一团蓝色的火焰，就像我胸前那块石头的颜色。

安志翔知道我又单身一个人，想当然地要跟我复合。安志翔说，我是他唯一爱过的女人。那黎倩倩呢？黎倩倩算什么？

安志翔说：“小如，其实我们都是一种人。”

我笑了，却在心底充满鄙夷地说：“我和你怎么可能是同类。”安志翔已经不是那个当年我爱慕的男人了，当我们隔着多年身体再次激情碰撞的那一刻，我想起了他抛弃我时的许多细节。

被利用的棋子也有快乐

我从不带安志翔回家，因为那是属于我和秦放的地方，我不许别人侵占。相反我更愿意去他和黎倩倩住过的公寓，有一种莫名的快感。安志翔完成了他当年对我的承诺，送一颗钻石项链给我，可我仍然不愿意摘下原来那个廉价的项链。戴了许多年，它比原来暗淡不少。可欢爱之前，安志翔粗暴地将我胸前的佩饰扯下，我的脖子因为他用力过猛感到一阵疼痛。忽然的，就怀念起秦放对这块石头的温柔以待。

显然，我让安志翔失望了。完成公司收购后，他的职位并没有像预期那样扶摇直上，而且我还调遣另一名与我一起工作多年的伙伴到新公司参与策划和管理。

安志翔气势汹汹地来到我办公室，他第一次喊我“王总”，满是怨气。而后，安志翔质问我：“你宁愿相信一个外人，也不愿意相信你的男人，是吗？”

我先是沉默，随后把话说得波澜不惊：“上班和上床始终不能混为一谈，别把感情和工作放在一起，好吗？”

我的话惊到他了。安志翔声音转弱，问：“你真的还是那个和我一起来大城市闯荡的小女孩吗？”

“安志翔，我要说的是，我和黎倩倩不同，不是你上个床就能搞定一切的女人。”我的声音上扬，似乎等待这一刻已经等了许久。

“原来，原来你是在报复，一直在伺机羞辱我。”安志翔说完这句话就离开了，我听到他的脚步声都充满了绝望。我如常地工作如常地忙碌，平静得出乎意料。

结局就是这样，秦放死了，安志翔走了，我成了一个没有男人可以依靠的可怜女人，可我觉得这样没什么不好。

后来在一份公司多年前的原始资料中，我发现一个有关于秦放的秘密。他当初选择我，完全是看上了我与黎倩倩之间的仇恨。我与黎倩倩的关系，一如秦放和黎倩倩父亲之间的关系。而秦放早知道自己身体的危机，又知道收购旗鼓相当的公司不是一朝一夕的事，所以才选中我替他收复失地。

即便知道这些，我仍然对秦放心怀感激，要知道被利用的棋子也有快乐。

夫妻之间还是应该实实在在地过日子，想怎么样就怎么样随心所欲的才叫家，所有的刻意都太累人。

结婚就是给爱情买保险

1

唐妙妙的婚姻自打一开始就有那么一点点不完美。她和李昊是通过相亲认识的，所以唐妙妙不止一次地说：“如果咱俩是自由恋爱，多好。”

“是啊，城市不大，相遇太难。”李昊最初总是随声附和。可是渐渐地，李昊在家时一日比一日少言寡语，回应越来越少，即便唐妙妙说点什么，他也懒得再往下接。

李昊在家里的状态，不是手里握着遥控器慵懒地窝在沙发里，就是兴致勃勃不管不顾地玩游戏看视频。唐妙妙见状，气就不打一处来，她觉得李昊除了吃饭和睡觉，不愿意在她身边多待一时半刻。唐妙妙急了，她冲着李昊嚷：“那么喜欢自己一个人，结婚干吗呀？”

李昊仍不接她的话茬儿，懒洋洋地回一句“明天还得上班呢”，就往床上奔。管她是吵也好闹也好，他根本不往心里去，唐妙妙像一拳打在棉花堆上。

于是唐妙妙也变得越来越消沉，就连闺中密友都看出了她的情绪低落，可朝夕相处的枕边人却一丁点儿都没察觉。

“木头啊！”唐妙妙哀怨地说。

闺蜜在耳边不停地劝，大多数夫妻不都是这么过来的嘛，男人心粗，别太往心里去。

哎，怎么能不往心里去呢？最起码的关怀和体贴都没有。他们白天各上各的班，晚上回到家后，做的最多也最默契的事就是各干各的，各自沉默。

刚结婚时候的李昊可不是这样的。

那时的李昊温情有加，知冷知热，只要唐妙妙思想或生活上稍有一点风吹草动，他马上草木皆兵，嘘寒问暖。

哪个女人不迷恋被宠爱、被照顾、被当成珍宝的感觉？

还在他们结婚蜜月旅行时，唐妙妙看上个水晶娃娃，特别合眼缘，但路途遥远，又是易碎品，考虑再三也就不打算买了，可李昊却愣是把那娃娃完好无损地捧回了家。直到现在，唐妙妙还能轻易想起李昊那些煽情的话，他说他这辈子会像呵护水晶一样珍视唐妙妙，不离不弃。

可才一年光景，爱情怎么说没就没了呢？

2

水晶娃娃第一天回家的时候，唐妙妙觉得把它摆在哪里都不合适，最后，李昊找好了地方，把它放在卧室唐妙妙的床边柜上。他还灵机一动，赋予那娃娃一个特别神圣的使命。

他们是这么约定的：不管是谁，只要一方有身体上的需要，就把水晶娃娃的头扭向一边，依据男左女右的规律，李昊往左扭，唐妙妙往右扭。另外一方看到了，把娃娃还原摆正即表示愿意和对方亲热；若没什么想法和冲动，那就让娃娃保持扭身的姿势不动，即表示夜晚平静度过。

最初，那娃娃扭来扭去，好生快乐。唐妙妙连连称赞李昊想的办法好，不仅让求爱变得简单，还避免了夫妻之间被拒绝的尴尬。

李昊是个多么浪漫的男人啊，唐妙妙总这么想。她毫不保留地把这些心动的感觉讲给最好的朋友听，如此一来，唐妙妙的朋友对李昊便另眼相看了。一次李昊回家，正碰上唐妙妙和闺蜜有说有笑地谈论着什么，他一进门，就注意到了来自唐妙妙闺蜜的异样目光。等把人送走，到了晚上，从浴室出来的唐妙妙拿出了眉笔和唇膏，非要李昊给她画眉毛涂嘴唇。

李昊一点也不懂女人心。为自己的女人施粉黛，多美妙的事啊，可李昊说："也不出门，干吗描眉画眼的？"

唐妙妙莞尔一笑，说是朋友教的，几乎跟那个扭娃娃的夫妻小游戏一样，有益于增加夫妻之间的情趣，对增进平淡和乏味的夫妻生活特别有好处。唐妙妙絮絮叨叨地说了很多，她没注意到李昊表情上的变化。

至此，李昊终于正确解读了唐妙妙朋友那诡异的眼神。他说："唐妙妙，你是不是少根筋？家里这点事儿也跟别人说？"

3

周末，唐妙妙和李昊闹起了冷战，谁也不肯先妥协。

到了晚上，卧室的灯是李昊关的，他在床上躺了没多大一会儿，就感觉唐妙妙热乎乎的身体向他一点点靠近，一双小手在他后背画圈圈。李昊的心麻酥酥的，心里默数了不到五个数，就翻身把唐妙妙搂进了怀里。

骄傲的唐妙妙能向他主动示好，多么难得。李昊从此在感情问题上高枕无忧，却也埋下祸根。每次和唐妙妙发生摩擦的时候，他习惯了沉默，习惯了冷战，他从不道歉，也不主动认错示好，而是用一场盛大的性事解决误会和矛盾。李昊想当然地认为一切都是水到渠成的事。

好像就是从这时候开始，李昊开始变得懒惰，在经营感情上越来越少花心思，他觉得那些都是多余，连最初那个水晶娃娃的暗示都省去了。他认为夫妻之间还是应该实实在在地过日子，想怎么样就怎么样随心所欲的才叫家，所有的刻意都太累人。

渐渐地，唐妙妙的怨气越积越多。在她看来，李昊只有在想占有她身体的那一天才表现得热情洋溢，如果李昊在一天里不想那事儿，他似乎一个人过得也挺快乐，常视唐妙妙如空气。

唐妙妙不喜欢这样的李昊，她感觉自己就像李昊发泄身体欲望的工具。所以有那么一天，李昊把自己洗干净关了灯以后，唐妙妙第一次拒绝了他。李昊倒也不急不恼不强求，翻个身，没几分钟就发出了匀称而有规律的呼吸声。唐妙妙立即产生了一种强烈的挫败感，她以为李昊会低姿态地求好求和，可他这样的状态和表现，让唐妙妙觉得自己是个可有可无的存在。

此后的唐妙妙也变了。她在外面受了什么委屈，或者有了什么烦心事，都不愿意再向李昊倾诉，更不奢望在他那里得到什么安慰。像跟自己较劲儿似的，若是谁在大段的沉默后先跟对方说一句话，或是谁不得已向对方求助抱怨了，谁就成了十足的失败者。

4

这婚姻没法继续了，唐妙妙打起了退堂鼓。她想离婚，趁着还年轻，趁着还没孩子。在这样不冷不热没盼头的日子里耗着，简直生不如死。

谁说女人离了婚就一文不值？离了婚的唐妙妙花掉大半存款，购了一部新车。没有了男人，她要更宠爱自己才是。

新车上路那天，车险手续还没办，唐妙妙生怕有什么磕磕碰碰的闪失，成天开得小心翼翼，车子放哪儿都觉得不够安全，她对新车的呵护自然是时时牵挂。终于在车子到手的第三天，唐妙妙的车装饰好了，保险办成了。办车险签字时合同搞得很正式，合约书厚厚的，比结婚领证还详细。可就是这几页纸，让唐妙妙有了十足的安全感。

回家的路上，她把车停在小区里，没有了之前的担心、紧张和不安，这种安全感让唐妙妙突然就想起了李昊，想起了他们如水般没有波澜的婚姻，和这辆买了保险以后的汽车何其相似。其实车还是那辆车，心态变了而已。她头一次冷静地对比和李昊婚前婚后的不同，也许不是爱没了，也不是不重视对方，而是激情渐去后，感觉完全拥有对方后淡然的亲情。

趁着周末休息，唐妙妙自己开车去景点，她在心里暗暗盼望着一场不期而然的相遇。她看见了做导游的李昊，他正拿着个小喇叭为游客声情并茂地说着一段又一段美丽的传说，嗓音听上去有点哑。

忽然地，唐妙妙心里一紧，有种心酸的感觉。

李昊也看到了唐妙妙，他撇下二三十人的旅游团来到她面前，没有久别重逢的问候，李昊直接把唐妙妙拽进了旅游团的大巴车里。虽然婚离了，证领了，可李昊就从没想过唐妙妙会真的离开她。李昊说，家里的大幅婚纱照他动都没动，还挂在老地方，放她衣服的衣柜还空着……

大巴车里闷极了，唐妙妙被李昊紧紧地挤在最后排的座位上，她还是以前的那副口气，嗔怪着责备李昊："成天的，脑袋里就那点儿事。"

可是谁说对女人身体最原始的欲望和冲动，不是最浓烈的爱？唐妙妙现在不挑这个了，她粲然一笑，指了指自己的新车，说："那里凉快又隐秘，我们转战那里可好？"

原来，荡气回肠是为了让她学会珍惜平凡，甘于平淡。

小安的双面人生

1

小安背着丈夫李响投入情人冯晓强的怀抱，是在她结束第一段婚外恋的第二天。小安一副失魂落魄的小模样，像只受惊的鸟，脆弱得急需一个踏实的肩膀。于是，优秀男人冯晓强出现了。

冯晓强愿意花时间听小安抱怨，更愿意花心思带着小安玩些风花雪月的小浪漫。他甚至毫不掩饰地告诉小安喜欢她的哪一点。开车送小安回家的路上，小安问冯晓强：“我哪里吸引了你呢？”冯晓强说：“因为你安全，小安。”

一句话，说得小安心花怒放。

冯晓强事业小成，家庭尚算和睦，有妻有子，有过一次拈花惹草差点后院起火的插曲，但侥幸过关，保全了婚姻。步入中年的他，需要给生活加点料。小安热情高涨地一头撞进他的网，成为他的料。小安的安全就在于，她也有家，不会过于纠缠不放，他们可以互不影响。

小安也不想离婚，她只是不甘于日复一日的平淡，于是她遵从自己的内心选择了生活，也顺便选择了男人。

说起小安的婚姻，可以说是一帆风顺的。李响是她的初恋，大学同学，她学着别人的模样谈了几年恋爱，一毕业就结了婚。年轻时的小安只觉得能和李响玩到一块去，直到后来才发现，她骨子里有着对成熟稳重男人的青睐。

其实，李响也算是个不错的男人，不吸烟，应酬少，朋友不多，特别顾家。不顾家还能怎样呢，因为李响没别的能耐。小安经常跟朋友这么说李响，但她从不在李响和公婆面前这样说。

在家里，小安是另一种口气：“忙于事业的男人有什么好？整天争名夺利的，把健康搞垮了不说，还没工夫陪老婆孩子。不求上进怎么了？不求上进也是一种生活方式，活得洒脱、安逸。”

李响听了，不动声色地欢喜，更加为所欲为地把自己打造成一个碌碌无为的男人，年纪轻轻的就开始关注养生；朝九晚五，领固定的薪水，也从来不做升职当领导的白日梦，做个平凡的小科员就知足常乐，只要家里有事，万事都靠边。

2

小安的双面人生就是这样：家人面前，她说话总是轻声细语的，是个传统保守的女人，循规蹈矩地生活，不擅家务，单纯并且单调，有轻微的性冷淡，除热衷和朋友们打打小麻将之外，没有别的爱好；和朋友们聚在一起的时候，小安话多，随性，不拘小节，够义气。她总能接到电话，刚开始大家都以为是她老公，听得多了，就觉察出了别的味道，于是，谁都知道了，有点姿色、风情开放爱浪漫的小安，是个有丈夫有情人的不安分女子，还偶尔抽烟。

小安抽烟，是和冯晓强在一起时学的。

小安喜欢冯晓强吸烟时的侧脸，他沉思的时候，他苦恼的时候，甚至他闲得无聊的任何时候，一缕缕的青烟慢慢缭绕起来，缠进小安的心里，小安觉得冯晓强特有男人味。直到有一天，冯晓强递给小安一根烟，小安接过，将白色的烟夹在修长的手指间，学着冯晓强的样子吞云吐雾，显得更加风情万种，让冯晓强爱不释手。

家里过的是日子，而小安和冯晓强的才是爱情，他俩都这么认为。

有次小安去冯晓强的办公室找他，冯晓强坐在办公椅上指点江山的气度几乎让小安疯狂了。等办公室里只剩他们两个时，小安托着下巴问："如果有一天，我得绝症了怎么办？"

冯晓强刮了刮小安的鼻头，说她成天净瞎想。他正襟危坐，深情地望着小安说："如果真有那么一天，我要带你去海边，看你爱的大海。"

小安彻底感动了。如果和冯晓强只是飘飘荡荡的寻觅中一个不经意的开始，那么现在的小安，为他而死的勇气都有。这个世上，冯晓强给了她与众不同的爱，他们心意相通、默契十足。还有谁会把她当个小女孩来宠呢？

李响嗓门大，说话直来直去，不像和冯晓强交流起来那么让人舒服；李响从不奢侈浪费，小安生日他也只会买来蛋糕，做上一桌好菜，不像冯晓强会带着小安出门游玩。

在他们相处快一年的时候，北方小城长大的小安借着开会之名，由冯晓强带着去了南方。冯晓强说："看海之前咱先游湖。"

四月的杭州西湖，真如人间天堂一般！在这里，他们终于可以不再顾及别人的目光，光明正大地做任何想做的事，一起在梧桐树影下散步，一起吃特色小吃，一起坐船游西湖。对小安来说，能和冯晓强在阳光下手牵手的地方就是天堂，他们像极了一对度蜜月的恩爱小夫妻。

3

这趟远行，将近半个月的朝夕相处，小安幸福得云里雾里，对冯晓强的爱像扎了根一样，让她心无旁骛。小安终于明白，一直以来，她守着婚姻却游离在婚姻之外，是因为她的心始终没有归宿。

冯晓强是她的归宿吗？小安常躺在冯晓强的身边这样问自己。十二天的旅行结束了，收拾行李时，小安带着伤感，悄悄地把自己的白色水晶凉拖放在冯晓强的行李箱里。

可冯晓强总有化险为夷的本事。那双鞋，他原封不动地还给小安。小安惊慌失措，责怪自己的不小心。冯晓强用手指敲敲小安的额头，一笑就过去了。

自此，小安得了一种病，一种想把这个男人据为己有的妄想狂躁症。

小安花在李响身上的心思越来越少，每天和李响说的话不超十句就会各自睡去，然后在自己的房间里和冯晓强聊天。他们总是有说不完的情话，QQ、短信，不到困得不行绝不罢手。

小安和李响早就分房睡了，理由是她受不了李响的呼噜声。李响从来由着小安的性子来，家里任何事情都听小安的，他从不计较。

冯晓强也挺听小安的话。她说再也受不了宾馆被褥上消毒水的气味了，她说她想和冯晓强在隔音好的房间里欢爱，于是，冯晓强在离小安单位不远的地方买了套房。

房子不大，但设施齐全，小安把那儿当成自己家一样，她也就顺理成章地当了一名家庭小主妇。在家时从来都是李响掌勺，小安很少进厨房，最多也是自己一个人时煮碗方便面。但在和冯晓强的窝里，小安会在午休时跑去给冯晓强烧菜做饭，她还嫌冯晓强的妻子照顾他照顾得不好，总是顺道帮他洗洗衣服擦擦鞋。

小安越来越分裂，她的生活走向两个极端。她也终于知道，原来自己也是有做贤妻良母的潜质的。心甘情愿地伺候男人的小幸福，小安算是尝到了。

冯晓强带着小安看海的那天，海风刮得很温柔，坐在海滩上，直至星星初露，气氛太好了。冯晓强的吻落在小安的唇上，借着一浪一浪的涛声山盟海誓。他说："小安，我会爱你一辈子。"

4

一辈子有多久呢？

小安掐指一算，三天。

第一天，他们在临海的宾馆里过了个浪漫的夜晚。

第二天，结束一个多小时的航班，飞机落地，他们在机场吻别。

第三天，小安给冯晓强打去电话，冯晓强用冰冷得不带一丝感情的语气告诉小安，以后不要再给他打电话了。

小安的阴谋得逞了，她把飞机票放在冯晓强的衣服口袋里，感情神经再麻木的女人也会有所察觉吧。冯晓强的妻子不仅看到了小安的飞机票，还看到了他们热情似火的QQ聊天记录。她像小安预料的那样愤怒了，还把冯晓强撵出了家门。

小安风风火火地去看他，说："别怕，你还有我。"

冯晓强说："我没想到她会这么激烈，以为哄哄就会过去呢。"

小安以为这下这个男人总该属于她了。

可最后，冯晓强说："我不能失去我的孩子。小安，我们暂时分开一段时间吧。"

人生真精彩啊，你永远不知道下一秒会发生什么。任冯晓强曾经把话说得多么深情多么信誓旦旦，终归没想真正和小安走到一起。想和他天长地久地过烟火生活，从来都是小安的一厢情愿。

这场过程认真、结局荒唐的游戏，小安输了，输得心不服口不服。

那么深爱的两个人，怎么会说分就分。冯晓强只用一句话就浇醒了她。他说："小安，我不是你家里以外的第一个男人，也肯定不是最后一个，但你总不被家里发现，真有你的。"

冯晓强始终把她当成身家不清白又十分安全的情人。她绞着心痛回他："彼此彼此，像你一样外面有人被发现后又逆转乾坤的事儿，我不是第一个，也肯定不是最后一个，也得甘拜下风不是？"

冯晓强离意已决，再强求奢望就显得轻贱了。

又一段婚外恋结束，小安身心俱疲。好在，李响还会在她需要的时候递给她一杯白开水。

小安是个幸运的女人，不管她什么时候转身，李响总在她能看得见的不远处。原来，荡气回肠是为了让她学会珍惜平凡，甘于平淡。

以后，每当小安拿起烟，总会想起冯晓强，可是以后，她不能再吸烟了，为了肚子里的孩子。

小安终于成了一个无欲无求的安分女子。

每个人的生活都带伤，
哪里有那么多的十全十美和称心如意。

拍卖往事

1

隔壁新建了一个私人舞蹈教室，有一位美丽漂亮的舞蹈老师。她身材挺拔修长，走起路来飘飘欲仙，还有个听上去充满仙气的名字——初尘。

初尘第一次到访画廊，像一个深具投资眼光的客户，慢悠悠地走过一幅幅作品。她在一幅名为《怀抱》的油画前站定许久，店主郭小天出现在她身边，问："今天没有课吗？”

可能是对有人认出她感到有些意外，初尘表情僵硬了一下，随后就笑了。她说：“快到周末了，课多，怕音乐声扰了画廊的清静。”一句话之后，初尘重重地叫了一声“郭老师”，以回报他对她的关注，说明她对他也并非一无所知。

初识那一天的愉悦在郭小天的记忆里特别清晰。那是个周五，午后阳光甚好。

以至于在以后的每一次，舞蹈教室的音乐声飘进画廊的时候，伴随着初尘高一声低一声不怎么清楚的数节拍声，在郭小天听来，犹如天籁一般。

听惯了天籁之音的郭小天回到家里，锅碗瓢盆碰到一起，还有妻子陈婉的抱怨唠叨声就成了噪音。

陈婉拎着郭小天的衣服，检查他有没有吸烟喝酒，她让他戒烟酒，是为了下一代着想。一个孩子，他们要了六年还不得，小心翼翼却又心急如焚。

夜色袭来，趁着窗外月光好，陈婉说：“小天，今天咱们再试试吧！”

试，郭小天勤奋耕耘的日子又到了，因为这几天是陈婉的排卵期。

那夜，刚开始还无兴致的郭小天，在听到陈婉高高低低的声音后，就想起了初尘在舞蹈教室里数节拍的声音，于是他自动脑补，把身下的陈婉想象成初尘，伴着初尘数拍子的声调，勇猛无比地完成了一场造人行动。

2

郭小天第一次参观初尘的舞蹈教室是有事相求。他想替他的朋友问问初尘，舞蹈班收不收年龄小的学员？

初尘还是那样的笑。她问："孩子几岁？"

"六岁。"

"你的？"

郭小天连忙摇头。同班同学的孩子都六岁了，他却还没培养出下一代来。

听初尘说有差不多那个年龄的班，可以让孩子来试试，郭小天喜笑颜开地要请初尘一起吃个晚餐。

初尘答得爽快，因为她说，她也有事相求。

华灯初上，郭小天和初尘一起从各自工作室走出来，又各自开着车一前一后去了餐厅。关于艺术，他们一个舞蹈，一个绘画，自是有很多共同语言，聊得特别畅快。也是一顿晚餐之后，郭小天知道了很多信息，关于初尘的。

初尘的婚龄只有两年，丈夫在外地经商，她常年一个人在家。初尘拜托郭小天的事，是想让他帮忙看看她丈夫早前画的那些画，能不能帮忙放在画廊里。

初尘的男人早期也是个画家，可惜为了生计放弃了绘画，下海经商搞起家装设计。为了鉴赏画作，郭小天跟着初尘进了一个尘封已久的画室，见到了一个个画上的初尘，以及各种各样的荷花。初尘说:“他只画荷花和我。”

看作画水平，初尘的男人和郭小天培养包装的一些青年画家差得不很多，他有自己的风格，但在光影和色彩运用上，还有上升的空间。

初尘听了郭小天的评价并不很赞同，因为她觉得那些画很好，只是缺少除了她以外其他人的赏识。

就着一些干得满是褶皱的颜料，郭小天用水调和后，给画板换上新画纸，坐下动起画笔来。他画初尘，却看都不看她一眼。初尘倒也安静，就那样坐着，喝喝茶，看看书。

这样的日子初尘是熟悉的，像很久以前她和丈夫海波谈恋爱的时候。

当郭小天叹息一声，放下画笔，初尘合上书本走到画板前，看到的是另一个自己，有一双想要诉说的眼睛。灯光柔和，不论是真实的，还是画上的，初尘美得更有仙气了。

3

一个女人过日子总是不那么容易。郭小天对初尘的照顾更甚从前，那些画也如她所愿挂在他的画廊里。初尘成了郭小天画廊里的常客，没有课的时候，就爱往那里跑。

在一次微醉之后，在郭小天的画室，初尘敞开了她的心扉。她特别羡慕郭小天能坚持自己的热爱，做自己喜欢的事儿。初尘的丈夫海波却一点都不听劝，执意背井离乡搞商业。初尘对物质要求从来不高，喜欢过安逸又有追求的生活，不喜欢处心积虑钻营生意，成天算计着赚了几笔，又赔了多少。初尘把想法说给海波几次，海波却说她头发长见识短，指望着画画赚钱太难了，但迂回一下，赚了钱以后再搞创作也是一样的。

“有什么意义呢？”初尘说。她自己一个人守着屋子，自言自语声音大了都能听见回响，每日心里都是空空的，即使丈夫每月回家一次，寄来许多钱，也填不满她空了的心。

话说进郭小天的心里，可是他想的是，自己的生活真的就值得让人羡慕吗？

最近这几年，陈婉的心思全放在生孩子上，不到排卵期那几天要忍着不做积蓄力量，什么可以吃什么不可以吃都有规定，甚至为了增加受孕概率，做爱时什么样的姿势都是规定好的。每每郭小天想要找陈婉聊心事想说点什么的时候，不出三句话，她准会扯到生孩子上，让他这样，不让他那样。她活得早没有了自己，以至婚姻如死水一样却不自知。

每个人的生活都带伤，哪里有那么多的十全十美和称心如意。

那天，各自倾诉过苦闷之后，郭小天和初尘水乳交融了，久已平静的郭小天获得了空前的满足。初尘和郭小天幻想中的不一样，更加柔软，也更加风情万种，让人欲罢不能。

郭小天脑中一直盘旋着四个字：飘飘欲仙。

在身体无限舒展的时候，郭小天想，如果能和这样懂情趣的女人共同生活，烟火人生将会多么美好。郭小天说："我娶了你吧。"

初尘听得一惊，她从来没想过离开现在整日没有男人陪伴、死水一样的婚姻。郭小天能看出来初尘后悔了，正是这悔意才更让郭小天觉得初尘不是那种随随便便的女人，而是值得珍惜的。

按理说男人一时兴起说出的话靠不住，特别是在床上。可郭小天真不是开玩笑，他开始酝酿着择机给初尘一个惊喜。他觉得，这世上她想要拥有的好生活，只有他能给，也愿意给，对她来说这是最好的选择。

4

在陈婉又一次排卵期，拉着正在作画的郭小天进卧房造人的时候，郭小天感到极度厌烦。任陈婉如何热力四射，郭小天就是坚挺不起来。软软的身体激怒了陈婉。她抱怨郭小天连要孩子这么大的事都不上心，是不是外面有了女人？

烦躁中的郭小天没法安然睡去，辗转又辗转，起身穿衣离开了家，在画廊里安营扎寨。三天后回家，他给了妻子陈婉一份已经签好字的离婚协议书。

陈婉当然不同意："六年啊，你说离就离？真想离？除非我死了，或者你死了。"她坚决的"不同意"刚出口，郭小天一个转身，又离开了家。陈婉不信郭小天能说放就放下。她等着郭小天回家和他好好谈谈，可左等右等，却等来了法院的传票。

誓死不离，陈婉态度坚决。

怎么才能离得快？郭小天反复几轮斟酌，无奈之下在法庭上改了口，除了和妻子生活不和谐，沟通困难，还有最重要的原因，郭小天出轨了，他有了婚外情人。

为了增加这段婚外恋的真实性，郭小天当庭讲了他和初尘的初见，讲他和初尘在画室里的第一次亲密接触，还讲了他要给初尘一个美好未来的生活。

陈婉恸哭，他凭什么？

当初，郭小天一个默默无闻的画家，百般艰难支起个画廊，陈婉为了他，倾尽所有积蓄，凭什么跟他过苦日子的女人是她，现在一切好起来了，郭小天却不想和她过了。

陈婉说："郭小天，你想给她一个美好未来的生活，那我呢？"

郭小天的眼睛有闪躲，也不是没有愧疚，为了补偿陈婉，他放弃了财产分割权，一心盼速离。他太急了，急着和厌倦的过去告别，开始新的生活。

5

再和初尘见面时，即将恢复单身的郭小天喜上眉梢，一身轻松，脸上全是藏也藏不住的快意。他又画了一幅新画，还新收了几位青年画家的画作，想让初尘一起来鉴赏鉴赏。见着初尘也很高兴，郭小天顺其自然地说出了他离婚的事儿。还有，郭小天说离婚后要娶她，非她不娶。

但是，让郭小天想不到的是，他非但没讨得婚外佳人的欢心，还惹得佳人变了脸色。不管他抓着初尘的手有多紧，初尘都一把甩开，将他推得远远的。初尘坦白承认了自己对以前的生活感到些许不满，却从未想过要离开原来的家。

郭小天问:“难道画室里的以身相许都是逢场作戏？”

初尘说，她只是恍惚之间误把他当成了自己的丈夫。

郭小天愣在原地动弹不得，只听初尘低声下气地求他，替她保守他们的秘密，她不想平静的生活被打扰。

可是，早就来不及了。法庭上郭小天把婚外情人的姓名、地址和职业说得一字不漏。

陈婉第一个找到初尘，在初尘的私人舞蹈教室，郭小天简直都认不得泼妇骂街似的陈婉，她对初尘用了所有下流无耻的语言。于是，左邻右舍的商家便都知道了画廊老板和隔壁舞蹈老师的事儿。很多人都见到郭小天扯着自己的前妻说着一些不讲良心的话，郭小天说这事跟初尘没关系，他就是没法再继续在家待下去。郭小天说，他早就受够了她。

这是商业新街上最大的一条绯闻，越传越远，终于传进了远在外地的初尘男人海波的耳朵。

6

初尘的舞蹈教室关了好几天了，原因是，她的男人回家了。

海波风尘仆仆地赶回来，是想干脆地把事情解决掉。他外面还有事情，不想在家耗费太多时间。他只问初尘两个问题："我给你的钱还不够？你真背着我跟了别人？"

初尘知道，一旦承认，她的婚姻就完了，所以，她愤恨地指责是郭小天造的谣，把她搞得身败名裂。连再往下解释都来不及，海波就把所有事情交给律师办了。海波说，他觉得初尘脏，像灰尘一样脏。

郭小天找到成了弃妇的初尘时，她哭得眼睛红肿，郭小天不明白的是，为什么她对海波有那么多的不满，却还不愿意离开死气沉沉的家。

初尘悔恨啊，她说海波再不好，也是她的男人，是郭小天毁了她，毁了她的家。归根结底，初尘不想成为一个离过婚的女人，她说什么都要等丈夫回心转意原谅她。

用失魂落魄来形容被初尘反复拒绝后的郭小天，一点都不过分。

陈婉找到郭小天时，失去了往日的飞扬跋扈和不停抱怨唠叨，她变得温和平静了许多，郭小天不喜欢的她可以改。看到郭小天情绪低落，陈婉心疼，这说明她还是爱他的。

陈婉说了很多，从他们的过去一直讲到现在。郭小天拿着画笔，听得心不在焉。等陈婉不再说话了，郭小天说："手续，我们明天办。"

"真想离？除非我死了，或者你死了。"陈婉又这样说。

郭小天厌烦地给了陈婉一个背影。没办法了，现在他一听陈婉说话就烦躁。陈婉没趣地走了，却电话不断。那天晚上，郭小天自己一个人在画室里，拒接了陈婉无数个电话。他不想和这个世界有一点接触，直到最后接到妻子自杀的消息。

离婚手续还没办，陈婉还是郭小天名义上的妻子。

收拾陈婉的遗物时，郭小天看到许多他们以前互相寄的明信片和照片，还有他年轻时送她的一些小物件，以及他们每次去医院的检查结果。两个人谁都没毛病，可就是许多年生不出孩子，陈婉后来的空间日志里，总是为这个而焦虑。郭小天给了自己狠狠一巴掌，责怪自己没良心。

只是爱情从什么时候开始淡去了它最初的模样？

郭小天一直以为他们早就没有了感情，陈婉的死却让他有失去亲人般的悲痛欲绝，心如刀绞。

7

妻子死亡，生意惨淡，婚姻事业的双重打击，让郭小天觉得自己不仅是个失败者，还是个十足的刽子手。看到任何一件旧物都会使他陷进深深的回忆和难以自拔的自责。他去找心理医生，医生建议他忘掉过去，不要怀念。

在网上拍卖过去是郭小天自闭了几天才想到的主意。他再无心经营，所以拍卖画廊，以及画廊里所有的画和办公家具；他拍卖私宅，以及房屋里面所有的东西，连个杯子都不打算带走；他还拍卖以前所有的客户信息和朋友关系，与旧生活一刀两断，准备一切重新开始。

拍卖信息挂上去一个月，郭小天每天都在帖子下面写好长的回忆录。很多人都说拍卖过去是疯掉了，可他终于等来一个海外归来的商人。

商人有种儒雅的气质，他说是陈婉的旧友。商人也有拿笔作画的爱好，但他说那都是从前，还是和陈婉在一起的时候。商人收购郭小天的过去，实际上是想参与他没机会参与的陈婉的过去。商人最终和陈婉分道扬镳，是因为他们都太坚持己见，终于意见不合。

恍惚间，郭小天觉得陈婉和初尘的命运有那么几分相像。初尘不喜欢经营算计浮浮沉沉的生活，陈婉其实也是。当初，郭小天也是想放下画笔经商，是陈婉劝住了他，还帮他出谋划策开画廊，她说这样可以画画赚钱两方面兼顾。

再说后悔的话都是为时已晚，郭小天不想沉浸于过去，只要尽快摆脱痴缠混沌的生活。

和商人的交易非常痛快，郭小天离开了。可形式上的忘记并不是忘记，他还是会在夜里思念亡妻。

郭小天最常做的事就是用画笔画出陈婉的画像，铺在地上看，看得困倦了，郭小天就躺在画纸上，那感觉就像睡在她怀里一样。